"十三五"江苏省高等学校重点教材（2018-2-209）

国家一流本科专业建设点资助项目

江苏高校品牌专业建设工程三期资助项目

机械原理与设计

实验教程

第三版

主　编　程志红　王洪欣　杨金勇

中国矿业大学出版社

·徐州·

内 容 提 要

本书是为满足"机械原理"和"机械设计"课程实验教学需求而编写的。本书内容包括三部分,第1部分简要介绍了"机械原理"与"机械设计"课程实验教学的地位与作用、实验课程教学质量标准,第2部分介绍了机械原理的实验项目与要求,第3部分介绍了机械设计的实验项目与要求。随书单独成册印刷的为机械原理实验项目的实验报告格式与要求及机械设计实验项目的实验报告格式与要求。

本书可作为高等院校工科机械类专业本专科学生学习"机械原理""机械设计""机械设计基础"课程实验的教材使用,也可供其他有关专业的教师和工程技术人员参考。

图书在版编目(C I P)数据

机械原理与设计实验教程 / 程志红,王洪欣,杨金勇主编. — 3 版. — 徐州 : 中国矿业大学出版社,2024. 9. — ISBN 978-7-5646-6424-4

Ⅰ. TH111;TH122-33

中国国家版本馆 CIP 数据核字第 20241VQ422 号

书　　名	机械原理与设计实验教程
主　　编	程志红　王洪欣　杨金勇
责任编辑	褚建萍　周　红
出版发行	中国矿业大学出版社有限责任公司
	（江苏省徐州市解放南路　邮编 221008）
营销热线	(0516)83885370　83884103
出版服务	(0516)83995789　83884920
网　　址	http://www.cumtp.com　**E-mail** : cumtpvip@cumtp.com
印　　刷	江苏凤凰数码印务有限公司
开　　本	787 mm×1092 mm　1/16　**总印张** 13.75　**总字数** 352 千字
版次印次	2024 年 9 月第 3 版　2024 年 9 月第 1 次印刷
定　　价	33.00 元(附赠两本实验报告册)

（图书出现印装质量问题,本社负责调换）

前　　言

创新源于问题,始于实践。作为认识世界、改造世界的科学实验,是培养学生创新意识与实践能力的重要环节,是培养学生理论联系实际的作风、严谨求实的科学态度的重要过程,是培养学生掌握仪器设备的原理与实验方法的有效渠道。为此,机械原理与机械设计课程通过开设实验项目,以达到培养学生认识实验对象、了解实验设备、明白实验原理、懂得实验方法的目的,使学生从实验中理解理论的价值、从实践中发现实验结果与理论计算的一致与偏离的原因,进而促进学生创新意识与实践能力的提高。

本书不仅注重实验项目的基础性,即掌握所做实验的仪器设备的基本使用方法、实验操作的基本技能;也注重实验项目的系统性,即兼顾实践与理论的平衡、基础与前沿的平衡、单项与综合的平衡;同时,也考虑了实验项目的层次性,即体现了因材施教。

本书共分三部分,第 1 部分简要介绍"机械原理"与"机械设计"课程实验教学的地位与作用、实验课程教学质量标准,第 2 部分介绍机械原理的实验项目与要求,第 3 部分介绍机械设计的实验项目与要求。随书单独成册印刷的为机械原理实验项目的实验报告格式与要求以及机械设计实验项目的实验报告格式与要求。

本书在实验项目指导编写上,对于每个实验项目增加了预备知识部分,方便学生预习;在实验报告中,制定了实验预习、实验过程和实验报告三部分相结合的格式规范。本书提供扫描二维码查看机构动画、虚拟实验程序和部分实验操作视频,帮助掌握实验内容和过程。

本书与中国矿业大学王洪欣主编的《机构学数值计算与仿真》教材(中国矿业大学出版社 2018 版)以及程志红、杨金勇等主编的《机械设计综合训练教程》教材(中国矿业大学出版社 2019 版)共同构成了一套完整的机械原理与机械设计课程实验教学体系,包括实验教学、上机实验教学和课程设计。

本书的机械原理课程实验项目指导及实验报告格式与要求由王洪欣编写,机械设计课程实验项目指导及实验报告格式与要求由程志红编写。本版本中,杨金勇修订了机械原理实验报告格式部分内容。全书由程志红统稿。

由于编者水平有限,书中不妥之处在所难免,敬请同仁和广大读者不吝指正。

编　者

2024 年 7 月

目　　录

1　机械原理与机械设计实验概述

1.1　实验教学的地位与作用

实验是人们认识客观世界、开展科学研究的主要途径,是获取客观事实的基本方法。实验方法、归纳方法、数学演绎方法成为近现代科学技术研究的主导方法。

实验借助科学仪器与设备,通过人为地改变客观对象中的部分因素,以获取一定条件下的科学事实,属于人们主动认识自然的活动。实验的三个要素是实验者、实验手段与实验对象,实验的目的是获得实验要素中相互联系、相互作用的结果,以便人们利用其中有利的一面,避免其中不利的一面,从而推动科学技术的发展,造福人类社会。

设计实验的一般程序是:第一,深入分析实验对象。将实验对象中已经明了的事实、关系搞清楚,为揭示实验对象中隐藏的事实与关系奠定基础。第二,精心构思实验原理。明确实验的构思与设计在于揭示所要探索的原理,明确实验仪器本身所应用的科学原理是被实践证明为真的。第三,巧妙设计实验技术。巧妙的实验技术不仅可以实现实验原理的物化,而且可以在最有利的条件下精确地获取科学事实。第四,实验结果的数据处理。实验数据必然包含系统误差与随机误差,应运用数理统计方法对实验结果的数据进行分析与处理。第五,实验结果的理论分析。理论分析的目的在于揭示其中的关系,导致新的科学发现或验证假说的正确与否,这也是实验的最终目的。

随着计算机软硬件技术和信息技术的发展,虚拟仿真实验由于其参数化、动态演示和可视化的特点,能够实现互动实验教学,最大限度地激发学生自主实验的兴趣和解开知识奥秘的动力并有助于发展学生的构建思维。

实验教学就是要让学生知道实验方法与一般程序。机械原理与机械设计实验的目的在于帮助学生认识机械、掌握绘制机构运动简图的方法、了解实验设备、明白实验原理、掌握对机械做参数测试的手段,使学生从实验中理解理论的价值、从实践中发现实验结果与理论计算的一致或偏离的原因,进而促进学生创新意识与实践能力的提高。

1.2　机械原理与机械设计实验内容

机械原理实验包含的内容及其目的如下。认知实验,目的在于认知常用的机械与机构;机构运动简图的测绘与分析实验,目的在于将三维的机构或机器通过规定的符号表达出来,计算它们的自由度;齿轮的范成实验,目的在于再现齿轮加工的过程;齿轮的虚拟范成实验,目的在于通过计算机编程再现齿轮加工的过程,再现根切、变位与齿形的变化;渐开线直齿圆柱齿轮的参数测定实验,目的在于通过测定齿轮的多项参数,计算其他参数的大小与误差;刚性转子的动平衡实验,目的在于通过测量不平衡质量引起的振动来确定不平衡质量的大小与相位,通过参数化与可视化的方法观察刚性转子动平衡虚拟实验的平衡效果;凸轮机构运动参数测定实验,目的在于通过测试不同盘形凸轮的运动参数,了解凸轮轮廓对推杆运动规律的影响;机构运动方案创新设计实验,目的在于通过构件的数量、相对尺寸、形态与运动副的形态、类型、数量的组合,得到足够多的机构运动方案;机械系统动力学调速实验,目的在于通过对机械的测试与软件分析,展示机械的速度波动与飞轮的调速效果;机构运动仿真虚拟设计实验,目的在于表达因素可控机构运动规律的寻找方法与再现过程,体现虚拟化、参数化与可视化在机械设计上的发展与应用;行星轮上点轨迹的图形特征与应用实验,目的在于通过计算机编程再现函数关系确定的、参数变化所对应的图形特征与应用。

机械设计实验包含的内容及其目的如下。认知实验,目的在于了解常用的标准零件、部件与常用的机械传动类型,以便对机器、部件、零件与机械传动有一些直观的认识;LS-1 型螺栓连接特性测定实验,目的在于测定螺栓组连接在倾覆力矩作用下螺栓所受到的作用力,测定单个螺栓在轴向预紧连接中,被连接件相对刚度的变化对螺栓总拉力的影响;LZS 螺栓连接综合实验,目的在于对螺栓的工作载荷、螺栓的应变量、被连接件的应变量等进行测量,应用计算机对螺栓连接的静、动态特征参数进行数据采集与处理、实测与辅助分析;带传动的弹性滑动与机械效率测定实验,目的在于了解带传动实验台的结构与工作原理,测定带传动的转矩与转速,绘制滑动曲线及机械效率曲线;液体动压滑动轴承实验,目的在于了解滑动轴承动压油膜的形成过程与摩擦状态,测量及绘制油膜径向压力分布与轴向压力分布曲线,了解滑动轴承摩擦因数的测量方法,绘制摩擦特征系数曲线;机械传动性能测试实验,目的在于利用基本的传动单元、测量仪器与控制单元,自行组装出设想中的实验对象,利用传感器获取相关信息,采用工控机控制实验对象,获得机械传动装置的速度、转矩、传动比、功率与机械效率;减速器的拆装与分析实验,目的在于了解减速器的结构与功能,以及减速器中各零件的功能和零件之间的装配关系;组合式轴系结构设计与分析实验,目的在于了解有关轴的结构设计要求,认知轴上零件的常用定位与固定方法,熟悉轴承的类型及布置、安装、调整、润滑和密封方式;机械系统创新组合搭接综合实验,目的在于掌握机械组合系统的安装方法,能进行电机、共线轴系、平行轴系、垂直轴系的安装与校准,能对零部件精度及安装精度进行静态测试和动态测试分析,加深对机械精度设计及不同传动类型特点及适用范围的理解;压力机虚拟样机仿真实验,目的在于基于三维仿真软件进行机械产品的设计和运动学、动力学仿真分析,从而验证和优化设计方案。

1.3 机械原理与机械设计实验教学质量标准

随着我国于 2016 年 6 月 2 日正式加入国际本科工程学位互认协议——《华盛顿协议》,我国工程教育质量认证体系实现了国际实质等效,工程专业质量标准得到国际认可。参与认证已成为提升我国工程教育质量的重要手段。为了规范课程教学,强化课程教学的目标管理,体现专业培养方案对学生在知识、能力与素质方面的基本要求,需制定相应课程教学质量标准。工程教育质量认证对于课程考核方式来说,更注重学习过程中的过程考核,故在实验教学考核中引入了预习、过程和报告三部分考核要求。

1.3.1　机械原理实验教学质量标准

机械原理实验教学质量标准

实验课程性质：独立设课

课程属性：专业基础

应开实验学期：第四学期

适用专业：机械工程、机器人工程、智能制造

先修课程：高等数学、工程制图、金属工艺学、理论力学

一、课程简介

机械原理实验是机械工程相关专业的专业主干实践课程，在提前预习和教师指导的基础上，学生独立完成基于设备的实验，主要包括机构的运动与力分析、机构的尺寸设计与分析、机构的动力学求解。课程内容主要涉及机构及其应用，机构运动学与动力学技术领域。课程的任务是让学生通过实验加深对机械原理概念和规律的理解，掌握机构运动、力、尺寸、动力学的数值求解方法，深刻领会各个实验项目的实验思想和实验方法，掌握与机械原理相关的基本理论和实验技术。

二、课程目的

(1) 了解实验设备的组成与工作原理。

(2) 掌握实验设备的操作方法，观察实验对象的变化情况，获得实验条件下的数据，进行数据处理与分析。

(3) 培养学生理论联系实际的作风、严谨求实的科学态度、独立分析问题与解决问题的能力。

三、实验方式与要求

实验采用分组方式，1～2 名学生为一组。

(1) 第一次开课时，任课教师须向学生讲明课程的性质、课程进度、任务要求、考核内容、考试方法、实验守则及实验安全制度等。

(2) 实验前学生必须进行预习，没有预习报告不得进入实验室做实验。

(3) 学生应在规定的时间内独立完成实验，认真做好实验数据和实验结果的记录，并自行检查。实验过程中出现问题教师要引导学生独立分析和解决。实验完成须经教师签字认可。

(4) 应按要求编写实验报告，报告的内容要齐全真实，文字要通顺简练，绘图和表格要规范。

(5) 对于设计性实验，学生可根据实验指导书中的设计要求，课前自行设计实验方案，经教师审阅后方可进行实验。

四、实验报告

实验报告的内容包括实验名称、实验目的与要求、实验原理、实验设备名称、实验步骤、实验记录、数据处理、实验结果及其分析。指导教师应认真批改每一份实验报告，给出评语、成绩并签名。

五、考核方法

(1) 本课程为实验类课程，学生必须保证出勤率，要求学生每次进入实验室均应签到或

刷卡。实验前进行预习,完成预习报告。预习报告占实验成绩的10%。

(2)对学生在实验室的学习情况进行考核,内容包括:实验操作和学习态度等各方面的综合评定。实验过程报告占实验成绩的30%。

(3)学生实验结束应提供合理的实验记录,按要求提交较高质量的每个实验项目的实验报告。实验报告占实验成绩的60%。

(4)指导教师根据以上三项综合评定,给出学生综合测试实验成绩。

六、实验项目设置与内容

序号	实验名称	内容提要	实验学时	每组人数	实验类型	开出要求	开放要求
1	机械原理认知实验	认知常用的机械与机构	2	15	认知	选开	开放
2	机构运动简图的测绘与分析实验	以典型机构为实验对象,判断机构的组成、绘制机构的简图并计算机构自由度	2	1	验证	必开	开放
3	齿轮的范成与虚拟范成实验	了解范成法加工齿轮的原理,以及齿轮的根切现象和变位齿轮的概念;通过齿轮虚拟范成实验,观察齿形的变化	2	1	验证	必开	开放
4	渐开线直齿圆柱齿轮的参数测定实验	通过测定齿轮的多项参数,计算其他参数的大小与误差	2	1	验证	选开	开放
5	刚性转子的动平衡实验	了解动平衡试验机的组成与工作原理,以及刚性转子的动平衡原理与方法	2	5	验证	必开	开放
6	凸轮机构运动参数测定实验	通过测试几种不同盘形凸轮的运动参数,了解凸轮轮廓对推杆运动规律的影响	2	2	综合	选开	开放
7	机构运动方案创新设计实验	了解平面连杆机构的组成原理、结构特点、运动特点,构思并组装出自行设计的机构	4	2	综合	选开	开放
8	机械系统动力学调速实验	观察机械的周期性速度波动现象,掌握利用飞轮进行速度波动调节的原理与方法	2	1	验证	选开	开放
9	机构运动仿真虚拟设计实验	表达因素可控机构运动规律的寻找方法与再现过程,体现虚拟化、参数化与可视化在机械设计上的发展与应用	4	1	综合	选开	开放
10	行星轮上点轨迹的图形特征与应用实验	了解行星轮上点轨迹的分类、特征与应用	2	1	验证	选开	开放

1.3.2 机械设计实验教学质量标准

机械设计实验教学质量标准

实验课程性质:独立设课

课程属性:专业基础

应开实验学期：第五学期

使用专业：机械工程、机器人工程、智能制造

先修课程：高等数学、机械制图、工程力学、机械原理、几何精度设计与检测、工程材料

一、课程简介

机械设计实验课程为集中性实践环节，主要包括典型零部件性能综合测试实验和虚拟仿真实验。典型零部件性能综合测试实验包含零件性能测试和结构分析实验，通过操作实验设备，掌握测试原理、测试方法以及数据处理理论及方法；虚拟仿真实验，通过三维仿真软件，建立虚拟样机参数化模型，并通过施加约束和动力参数，可视化仿真虚拟样机的运动性能。通过该课程的学习，学生可掌握典型零件性能综合测试实验方法，获得实验技能的基本训练，掌握计算机辅助设计的方法。

二、课程目的

(1) 了解实验设备的组成与工作原理。

(2) 掌握实验设备的操作方法，观察实验对象的变化情况，获得实验条件下的数据，进行数据处理与分析。

(3) 加深学生对科学与技术之间关系的理解，培养学生独立分析问题与解决实际问题的能力。

三、实验方式与要求

实验采用分组方式，1～2名学生为一组，完成设备操作与数据分析计算。

(1) 认真预习实验教材，明确实验的目的与要求，掌握与实验相关的理论知识，了解要做实验的内容。

(2) 实验时了解实验所用的设备、仪器及其使用方法和操作过程，实验后对测试数据进行处理。

(3) 学生应在规定的时间内独立完成实验，认真做好实验数据和实验结果的记录，并自行检查。实验过程中出现问题教师要引导学生独立分析和解决。实验完成须经教师签字认可。

(4) 应按要求编写实验报告，报告的内容要齐全真实，文字要通顺简练，绘图和表格要规范。

四、实验报告

实验报告的内容包括实验目的与要求、实验原理、实验设备名称、实验步骤、实验记录、数据处理、实验结果及其分析。指导教师应认真批改每一份实验报告，给出评语、成绩并签名。

五、考核方法

(1) 本课程为实验类课程，学生必须保证出勤率，要求学生每次进入实验室均应签到或刷卡。实验前进行预习，完成预习报告。预习报告占实验成绩的10％。

(2) 对学生在实验室的学习情况进行考核，内容包括：实验操作和学习态度等各方面的综合评定。实验过程报告占实验成绩的30％。

(3) 学生实验结束应提供合理的实验记录，按要求提交每个实验项目的较高质量的实验报告。实验报告占实验成绩的60％。

(4) 指导教师根据以上三项综合评定，给出学生综合测试实验成绩。

六、实验项目设置与内容

序号	实验名称	内容提要	实验学时	每组人数	实验类型	开出要求	开放要求
1	机械设计认知实验	了解常用的标准零件、部件与常用的机械传动类型,以便对机器、部件、零件与机械传动有一些直观的认识	2	15	认知	选开	开放
2	LS-1型螺栓连接特性测定实验	测定螺栓组连接在倾覆力矩作用下螺栓所受到的作用力;测定单个螺栓在轴向预紧连接中,被连接件相对刚度的变化对螺栓总拉力的影响	2	2	综合	选开	开放
3	LZS螺栓连接综合实验	对螺栓的工作载荷、螺栓的应变量、被连接件的应变量等进行测量,应用计算机对螺栓连接的静、动态特征参数进行数据采集与处理、实测与辅助分析	2	2	综合	选开	开放
4	带传动的弹性滑动与机械效率测定实验	了解试验机的结构与原理,测定带传动的转矩与转速,绘制滑动曲线及机械效率曲线	2	2	验证	必开	开放
5	液体动压滑动轴承实验	了解滑动轴承动压油膜的形成过程、油压测量方法及油膜径向压力与轴向压力分布特征,了解滑动轴承摩擦因数的测量方法,绘制摩擦特征系数曲线	2	2	验证	必开	开放
6	机械传动性能测试实验	利用基本的传动单元、测量仪器与控制单元,自行组装出一个实验对象,利用传感器获取相关信息,采用工控机控制实验对象,获得机械传动装置的速度、转矩、传动比、功率与机械效率	2	2	综合	选开	开放
7	减速器的拆装与分析实验	了解减速器的结构与功能以及减速器中各零件的功能和零件之间的装配关系	2	2	综合	选开	开放
8	组合式轴系结构设计与分析实验	了解有关轴的结构设计要求,认知轴上零件的常用定位与固定方法,熟悉轴承的类型及布置、安装、调整、润滑和密封方式	2	2	综合	必开	开放
9	机械系统创新组合搭接综合实验	掌握机械系统的安装方法,能进行电机、共线轴系、平行轴系、垂直轴系的安装与校准,能对零部件精度及安装精度进行静态测试和动态测试,能根据测试结果分析所组合机械系统的使用性能	4	2	综合	选开	开放
10	压力机虚拟样机仿真实验	基于三维仿真软件进行机械产品的设计和运动学、动力学仿真分析,从而验证和优化设计方案	4	1	综合	选开	开放

2 机械原理实验

2.1 机械原理认知实验

机械原理认知实验是指通过观看机器中常用的平面连杆机构、空间连杆机构、凸轮机构、齿轮机构、齿轮系、间歇运动机构以及组合机构的类型与运动情况，来对机构、机器、运动副、构件有一些直观的认识，对机器的基本要素有初步了解的实验。

2.1.1 预备知识

一台机器上包含着太多的信息，第一项信息是要能够完成规定的动作，多数表现为"杆长"的确定，这是机械原理课程要解决的问题。第二项信息是要能够承受规定的载荷，主要表现为"杆形"的确定、"杆材"的选择、强度与刚度满足规定的要求、润滑与密封方式的选择、电机的选择问题，这是机械设计课程要解决的问题。其他信息，如公差与配合的选择，这是机械制造工程学Ⅰ课程要解决的问题；制造工艺的编制，这是机械制造工程学Ⅱ课程要解决的问题；外观与色彩的设计，传感器的选择，控制系统的硬件选择与软件设计；等等。为了满足机械工程专业初学者学习机械的需要，常把机器制作成简化的模型，以便认知其内部的机构与结构，如把某型号的内燃机制作成如图 2.1 所示的简化模型，它展示出了曲轴 1、连杆 2、活塞 3、活塞胀环 4、弹簧 5、配气推杆 6、凸轮轴 7、链条 8、链轮 9 与机架 10。其中的曲轴 1、连杆 2、活塞 3 与机架 10 组成曲柄滑块机构，如图 2.2 所示；凸轮轴 7、配气推杆 6 与机架

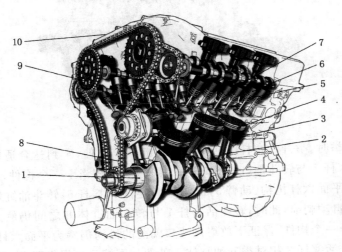

1—曲轴；2—连杆；3—活塞；4—活塞胀环；5—弹簧；6—配气推杆；7—凸轮轴；8—链条；9—链轮；10—机架。

图 2.1　内燃机的简化模型

10 组成直动平底从动件盘形凸轮机构,如图 2.3 所示。这两种机构的设计与分析是机械原理课程要解决的问题。活塞胀环 4 用于解决高温环境下高压气体的密封问题。链条 8、链轮 9 与机架 10 组成的链传动,用于解决相关部分的动作协调问题。模型上的信息比真实的机器少许多,但是,利用模型有利于认识真实机器中使用的机构。

图 2.2　曲柄滑块机构　　　　图 2.3　直动平底从动件盘形凸轮机构

　　轮式装载机的外形如图 2.4 所示,装载机工作机构的运动简图如图 2.5 所示,装载机工作时,铲斗要能够实现 5 种状态,即斗口朝前的铲装状态 I、斗口朝上的放平状态 II、斗口朝上的平举状态、斗口前翻的卸货状态以及下放过程中斗口再次朝前到达的铲装状态。铲斗(用铲斗杆 4 表示)与动臂 3 在 A 点组成转动副,铲斗杆 4 与连杆 5 在 B_2 点组成转动副,连杆 5 与摇杆 6 在 C_2 点组成转动副,摇杆 6 与动臂 3 在 D 点组成转动副,摇杆 6 与转斗活塞杆 7 在 E_2 点组成转动副,转斗活塞杆 7 与转斗油缸体 8 在 P_2 处组成移动副,转斗油缸体 8 与机架 9 在 F 点组成转动副,动臂 3 与机架 9 在 G 点组成转动副,动臂 3 与举升活塞杆 2 在 I 点组成转动副,举升活塞杆 2 与举升油缸体 1 在 P_1 点组成移动副,举升油缸体 1 与机架 9 在 H 点组成转动副。

图 2.4　轮式装载机的外形

　　当斗口朝上平举时,举升活塞杆 2 相对举升油缸体 1 外伸,S_1 到达合适的长度时卸货。在平举时,转斗活塞杆 7 与转斗油缸体 8 之间无相对运动,相当于一个构件,此时,保证斗口朝上平举的机构为平面六杆机构(动臂 3,铲斗杆 4,连杆 5,摇杆 6,转斗油缸体 8 与机架 9);下放过程中斗口要自动朝前,此时,转斗活塞杆 7 与转斗油缸体 8 之间仍然无相对运动,处于最短状态,相当于一个构件,保证下放终点斗口朝前的机构仍然为平面六杆机构。在举升与下放过程中,举升活塞杆 2 相对举升油缸体 1 外伸与回缩只是提供驱动,不参与平面六杆机构的运动。

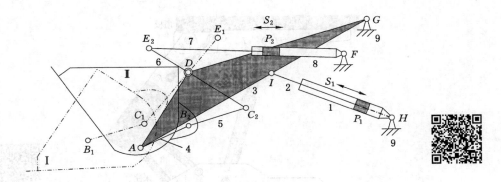

1—举升油缸体；2—举升活塞杆；3—动臂；4—铲斗杆；5—连杆；6—摇杆；7—转斗活塞杆；8—转斗油缸体；9—机架。

图 2.5　装载机工作机构的运动简图

滚筒采煤机、液压支架与刮板运输机的综合采煤现场图如图 2.6 所示，支顶掩护式液压支架如图 2.7 所示，支顶掩护式液压支架机构的运动简图如图 2.8 所示。

图 2.6　滚筒采煤机、液压支架与刮板运输机的综合采煤现场图

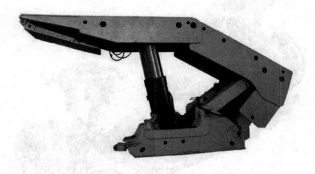

图 2.7　支顶掩护式液压支架

在图 2.8 中，AD 为前摇杆 1，CD 为连杆 2（掩护梁），BC 为后摇杆 3，BA 为底座 4，5-6 为平衡油缸，7 为顶梁，8-9 为支柱油缸。当液压支架承载时，支柱油缸与平衡油缸的长度不再变化；当液压支架升降时，顶梁与掩护梁的铰链 F 的轨迹 Γ 近似为拉长的"S"形。前摇杆 1、连杆 2、后摇杆 3、底座 4 组成双摇杆机构，双摇杆机构的设计与分析是机械原理课程要解决的问题。

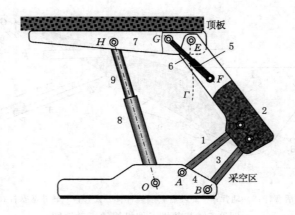

图 2.8 支顶掩护式液压支架机构的运动简图

汽车转向机构与悬挂部分结构如图 2.9 所示,汽车转向等腰梯形机构与速度瞬心如图 2.10(a)所示,左转向时的等腰梯形机构如图 2.10(b)所示,右转向时的等腰梯形机构如图 2.10(c)所示。当向左转向时,左侧前轮的转角 φ 关于 AB_0 的变化范围为 $0 \leqslant \varphi \leqslant \varphi_L$,右侧前轮的转角 ψ 关于 DC_0 的变化范围为 $0 \leqslant \psi \leqslant \psi_L$;当向右转向时,右侧前轮的转角 ψ 关于 DC_0 的变化范围为 $0 \geqslant \psi \geqslant \psi_R$,左侧前轮的转角 φ 关于 AB_0 的变化范围为 $0 \geqslant \varphi \geqslant \varphi_R$。由于左右转向的对称性,所以,$\psi_R = -\varphi_L$,$\varphi_R = -\psi_L$,为此,$\varphi \in (\varphi_R, \varphi_L)$、$\psi \in (\psi_R, \psi_L)$。$\varphi$ 与 ψ 的对应值必须确保全部轮子在地面上做纯滚动。转向摇杆 $AB = CD = a_2 = a_4$,不转向时,连杆 $B_0 C_0 /\!/ AD$。设 a 表示轴距,a_1 表示前轮支点跨距,a、a_1 为已知的结构参数。为了实现无滑动的转向,要求瞬时转动中心在 P_1 点或 P_2 点。等腰梯形机构的设计与分析是机械原理课程要解决的问题。

图 2.9 汽车转向机构与悬挂部分结构图

汽车转向时内外轮的转速是不同的,这种转速差由图 2.11 所示的汽车差速器实现,汽车差速器中的复合轮系如图 2.12 所示。汽车差速器中复合轮系的运动设计与分析是机械原理课程要解决的问题,结构设计与分析是机械设计课程要解决的问题。

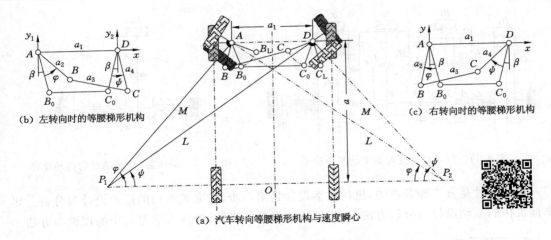

(b) 左转向时的等腰梯形机构

(c) 右转向时的等腰梯形机构

（a）汽车转向等腰梯形机构与速度瞬心

图 2.10 汽车转向等腰梯形机构

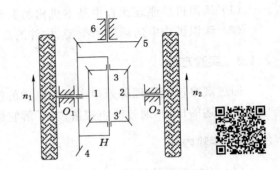

图 2.11 汽车差速器

图 2.12 汽车差速器中的复合轮系

汽车自动变速器如图 2.13 所示，汽车自动变速器中的复合轮系如图 2.14 所示，图中的 B_1、B_2、B_3 与 B_r 为制动器，C 为离合器。当制动器 B_1 制动，其余的制动器不制动、离合器 C 不接合时，输入转速 n_1 减速传递到输出转速 n_{II} 的传递路线如图 2.15 所示，其余的构件空转，不参与速度变换。汽车自动变速器中复合轮系的运动设计与分析是机械原理课程要解决的问题，结构设计与分析是机械设计课程要解决的问题。

图 2.13 汽车自动变速器

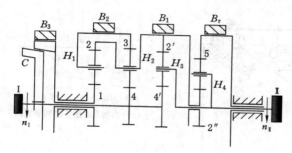

图 2.14 汽车自动变速器中的复合轮系

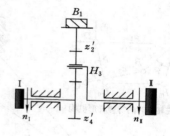

图 2.15 制动器 B_1 制动时的传动路径

机械设计是分步骤开展的,机构方案设计是第一步,它完成机构的运动设计与分析。要掌握机构的运动设计与分析方法,首先要认知常见的机构,再深入学习其中的理论与方法。

2.1.2 实验目的

(1)认识机械原理课程中基本机构的类型、运动特征与部分应用。

(2)认识机构中运动副的类型、构件的形态。

2.1.3 实验方法

通过观察机械原理陈列柜中各个机构的模型,结合图片与文字注释,认知机械原理课程中将要讲述的机构;通过听声控解说,了解它们的组成与应用。

2.1.4 实验内容

(1)认知机器的组成

机器由至多五个模块组成,即动力单元、传动机构、执行机构、传感系统与控制系统,通过本实验,认识机器中的传动机构。机构是由构件通过运动副组成的具有预定功能的一个相对独立的单元,分为平面连杆机构、空间连杆机构、凸轮机构、齿轮机构等;构件是一个具有独立运动功能的单元体,可以是杆、块、圆或非圆;运动副是两个构件直接接触且仍具有相对运动的一种连接形式,可以是转动副、移动副、高副、螺旋副、球面副与曲面副等。

(2)认知平面连杆机构

两个构件以面接触组成的运动副称为低副,只有低副且所有构件的运动平面相互平行的机构称为平面连杆机构。通过本实验,了解平面连杆机构在实现要求的运动规律(图 2.10)、实现要求的刚体导引(图 2.5)、实现预定的运动轨迹(图 2.8)上的应用;认识平面四杆机构中的铰链四杆机构、单移动副机构与双移动副机构;认识平面六杆机构中的物料传送机构、压力机机构与举升机构等。

铰链四杆机构可分为曲柄摇杆机构、双曲柄机构与双摇杆机构。

单移动副机构可分为对心曲柄滑块机构、偏置曲柄滑块机构、曲柄摇块机构、转动导杆机构、摆动导杆机构与移动导杆机构等。

双移动副机构可分为移动导杆机构、双滑块机构、双转块机构与正弦机构等。

通过本实验,了解平面连杆机构在颚式破碎机、飞剪、惯性筛、摄影平台、机车动力车轮组、鹤式起重机、牛头刨床与冲床机构等中的应用。

（3）认知空间连杆机构

只有低副、所有构件的运动平面不相互平行的机构称为空间连杆机构。通过本实验，了解空间连杆机构的类型，如 RSSR 空间机构、4R 万向联轴节、RRSRR 机构、RCCR 联轴节、RCRC 揉面机构与 SARRUT 机构等。

（4）认知凸轮机构

由凸轮、从动件与机架所组成的高副机构称为凸轮机构。只要适当设计凸轮的廓线，便可以使从动件获得任意的运动规律。通过本实验，认识平面凸轮机构、空间凸轮机构及其个别应用。

（5）认知齿轮机构

齿轮机构是由三个构件、一个共轭高副、两个低副组成的一类高副机构。齿轮机构可分为平面齿轮机构和空间齿轮机构。平面齿轮机构可分为直齿圆柱齿轮机构和斜齿圆柱齿轮机构，它们的轴线相互平行；空间齿轮机构可分为螺旋齿轮机构、圆锥齿轮机构、准双曲面齿轮机构与蜗轮机构，它们的轴线垂直相交或交错。

（6）认知齿轮系

齿轮系是由三个或三个以上齿轮所组成的齿轮传动机构。齿轮系可分为定轴轮系与周转轮系，定轴轮系的所有轴线是固定的，周转轮系的轴线中至少有一个是做转动或平动的。在周转轮系中，当自由度等于 1 时，称为行星轮系；当自由度等于 2 时，称为差动轮系。

通过摆线针轮减速器、谐波齿轮减速器、周转轮系模型，了解齿轮系的应用。

（7）认知间歇运动机构

间歇运动机构是指从动件做单方向的、有规则的、时动时停运动的一种机构。通过齿式棘轮机构、摩擦式棘轮机构、超越离合器、外槽轮机构、内槽轮机构、不完全齿轮机构、摆线针轮不完全齿轮机构、凸轮式间歇运动机构等，了解间歇运动机构的运动特点及应用。

（8）认知组合机构

以上介绍的机构称为基本机构，由两类或两类以上基本机构组成的机构称为组合机构。常见的组合方式有串联、并联、反馈以及叠加等。通过凸轮与蜗杆的组合、凸轮与齿轮的组合、凸轮与连杆的组合、齿轮与连杆的组合形成多种组合机构，认识这些组合机构的一般组成与传动特性。

2.2　机构运动简图的测绘与分析实验

机构运动简图的测绘与分析实验是将真实机械或机械模型按照比例通过图形进行表达并进行可动性分析的一项实验。

2.2.1　预备知识

认识机械从现成的开始最有效。首先认识它们，知道它们是干什么的，再通过机构运动简图画出它们的图形，计算它们的自由度，从而为后续内容的展开创造条件。

图 2.16 为复摆颚式破碎机产品，用于矿物的粗碎（产品粒度大于 50 mm）与中碎（产品粒度 6～25 mm）作业。从图 2.16 中难以理解它是如何破碎矿物的，现在把图 2.16 画成图 2.17(a)所示的复摆颚式破碎机的三维结构解剖图，知道的信息就多了；但是还不太清楚矿物是如何被破碎的，再画成图 2.17(b)所示的平面结构简图，就知道了矿物是在动颚板与

定颚板之间被破碎的；画出图 2.17(b)所示的平面结构简图是比较麻烦的，若把它画成图 2.17(c)所示的机构运动简图，则看得更清楚了；事实上，在机械原理学习阶段，只要把它画成图 2.17(d)所示的曲柄摇杆机构即可。

在图 2.16 中，要想知道构件上运动副之间的长度是困难的，把图 2.16 画成图 2.17(d)是凭感觉画的，人们把这种不使用真实尺寸、不严格按照一定比例尺画出的图形称为机构的示意图。只有查看图纸才能知道曲轴 1 上固定转动中心 A 与可动转动中心 B 之间的长度 L_1，动颚板（简

图 2.16　复摆颚式破碎机

化为连杆 2)上转动中心 B 与转动中心 C 之间的长度 L_2，推力板（简化为摇杆 3）上转动中心 C 与转动中心 D 之间的长度 L_3，以及机架（简化为只有转动中心 A、D 的一个构件）上的 H 与 S。

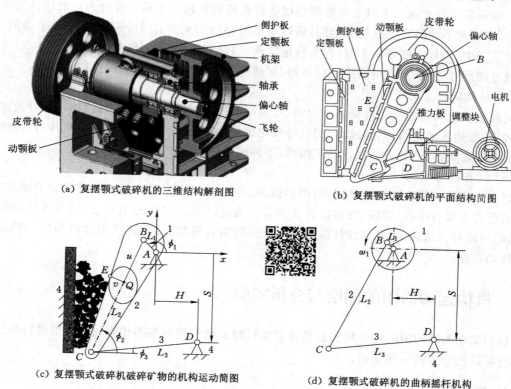

（a）复摆颚式破碎机的三维结构解剖图

（b）复摆颚式破碎机的平面结构简图

（c）复摆颚式破碎机破碎矿物的机构运动简图

（d）复摆颚式破碎机的曲柄摇杆机构

图 2.17　复摆颚式破碎机的结构简化以及曲柄摇杆机构运动简图

图 2.16 所示的复摆颚式破碎机中的曲轴如图 2.18(a)所示。在机械原理课程中曲轴被抽象表达为曲柄，如图 2.18(b)所示；动颚组件如图 2.19(a)所示，B 为完整的转动副，C 为非完整的转动副，在机械原理课程中被抽象表达为连杆，如图 2.19(b)所示，都用完整的转动副表示。可见，从真实对象到简化图形是机械原理课程要完成的任务，从简化图形到真实对象是机械设计课程要完成的任务。

（a）曲轴　　　　　　　　　　　（b）曲柄

图 2.18　曲轴在机械原理课程中的简化表达

（a）动颚组件　　　　　　　　　（b）连杆

图 2.19　动颚组件在机械原理课程中的简化表达

图 2.20 所示为一种玻璃与框架以平面运动方式打开与闭合的窗户，其优点是风不容易把雨水带进室内，能增加窗户附近空间的换气，避免将阳光反射到室内。它使用了平面六杆机构，如图 2.21 所示，窗户用构件 2 表示，构件 2 的中上位置通过转动副 B 与摇杆 1 连接，构件 2 的上端通过转动副 C 与摇杆 3 连接，摇杆 3 与滑块 4 组成转动副 D，滑块 4 与窗户框架 6 组成移动副 F，滑块 4 与连杆 5 组成转动副 E，连杆 5 与摇杆 1 组成转动副 A，摇杆 1 与窗户框架 6 组成转动副 O。$l_{11}=OA，l_{12}=AB，l_2=BC，l_3=CD，l_4=DE，l_5=AE$。当窗户位于垂直位置时，$O、A、E、D、C$ 点位于 y 轴上，$l_{11}+l_5+l_4+l_3=l_{11}+l_{12}+l_2$；$A、B、C$ 点与 $A、E、D、C$ 点位于 y 轴上，$l_{12}+l_2=l_5+l_4+l_3$。该机构的主动件为窗户 2，构件 1 与 5、构件 3 与 4 组成 Ⅱ 级组。当窗户的高度比较矮时，可以令 $l_4=0$，此时，$l_{12}+l_2=l_5+l_3$。

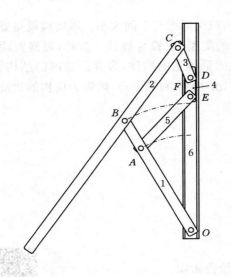

图 2.20　窗户开闭平面六杆机构

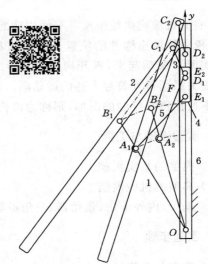

图 2.21　窗户开闭平面六杆机构的运动简图

图 2.22 为自卸汽车,图 2.23 为汽车自卸与车门自行开闭机构的运动简图,摇杆 1 与连杆 2(车门 2′ 与连杆 2 为同一个构件)组成转动副 A、与车厢底架 4 组成转动副 D,车门上的连杆 2 与车厢 3 组成转动副 B,车厢 3 与车厢底架 4 组成转动副 C,构件 1-4 组成车门自行开闭机构;构件 5-6 为翻转油缸,构件 3-6 组成自卸摇块机构,当翻转油缸伸长时卸货,当翻转油缸缩短时复位。

图 2.22 自卸汽车

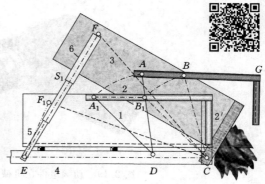

图 2.23 汽车自卸与车门自行开闭机构的运动简图

图 2.22 中的车厢是一个复杂的构件,在机械原理课程中用一个长方形的构件 3 表示,如图 2.23 所示。

2.2.2 实验目的

学会从真实机械或机械模型中抽象出构件、运动副的类型、位置与数目,用绘制的机构运动简图计算自由度,与实验对象对照,检验自由度计算的正确性。

2.2.3 实验原理

真实的机械或机械模型具有使用功能所要求的结构形态与空间大小。本实验就是要从实验对象中提取出构件的位置与数目以及运动副的类型、位置与数目。为此,观察实验对象,让实验对象动起来,撇开构件的外形而得到由图形表达的构件,舍弃运动副的结构、大小、装配关系而得到符号表达的运动副。若按一定比例尺绘制的图形,则称为机构的运动简图;若不按比例尺绘制的图形,则称为机构的示意图。

2.2.4 实验设备与工具

(1)典型的真实机械。
(2)典型的机械模型。
(3)钢尺、内外卡钳、量角器、三角板等。

2.2.5 实验步骤

(1)观察与分析机构的运动情况,正确选择测绘投影面

观察机构的运动情况,找出主动件、从动件及其运动传递的路线,选择多数

构件的运动平面为测绘投影面,对复杂的机构可再选辅助投影面。

(2) 确定组成机构的构件总数、运动副的类型和数目

从主动件到从动件,数出机构的构件总数(N),根据两构件之间的相对运动关系,确定运动副的类型,数出运动副的数目(P_L、P_H)。

(3) 绘制机构运动简图或示意图

选定机构所在的一个位置,测量或目测各个运动副之间的长度,确定移动副的方向,选取适当的长度比例尺,并将比例尺标注在图上,绘制机构的运动简图。

(4) 计算机构自由度

根据所测绘的机构,计算机构的自由度$[F=3(N-1)-2P_L-P_H]$。

机构具有确定运动的条件是机构的自由度大于零且等于原动件数。将计算所得机构的自由度与机构的实际运动相对照,判别是否相符,特别注意机构中存在虚约束、局部自由度、复合铰链的情况下自由度的计算问题。

(5) 标注构件序号与运动副符号

对于所绘制的机构运动简图,在固定构件下画45°斜线表示机架,在主动件上画箭头表示运动方向,用数字$1,2,3,\cdots,N$依次标注各个构件,用字母A,B,C等依次标注各个运动副。

【例2-1】 绘制图2.24(a)所示的偏心轮摇块泵的机构运动简图。

在图2.24(a)中,主动的偏心轮与机架、导杆分别组成转动副(A、B),偏心轮用曲柄1表示;导杆与摇块组成移动副(D),导杆用杆2表示;摇块与机架组成转动副(C),摇块用块3表示;机架用4表示。为此,得到的曲柄摇块机构如图2.24(b)所示。该机构的自由度$F=3(N-1)-2P_L-P_H=3\times(4-1)-2\times4-0=1$。

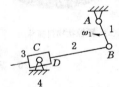

(a) 偏心轮摇块泵　　　　　　　　　　　(b) 曲柄摇块机构

图2.24 偏心轮摇块泵与机构运动简图

【例2-2】 绘制图2.25(a)所示的空间曲柄滑块机构的机构运动简图。

在图2.25(a)中,主动的曲柄1与机架4组成转动副($R=P_5$)、与连杆2组成球面副($S=P_3$),连杆2与滑块3组成转动副($R=P_5$),滑块3与机架4组成圆柱副($C=P_4$)。为此,得到空间曲柄滑块机构的运动简图如图2.25(b)所示。该机构的自由度$F=6(N-1)-5P_5-4P_4-3P_3-2P_2-P_1=6\times(4-1)-5\times2-4\times1-3\times1-2\times0-0=1$。

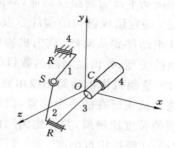

（a）空间曲柄滑块机构的结构　　　　　　　　　（b）空间曲柄滑块机构（RSRC）

图 2.25　空间曲柄滑块机构的结构与机构运动简图

【例 2-3】　绘制图 2.26(a)所示的颗粒状物料抓斗的机构运动简图。

抓斗的机构运动简图如图 2.26(b)所示。该机构的自由度 $F=3(N-1)-2P_{\mathrm{L}}-P_{\mathrm{H}}=3\times(7-1)-2\times8-0=2$。

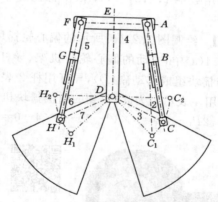

（a）颗粒状物料抓斗　　　　　　　　　（b）抓斗的机构运动简图

图 2.26　颗粒状物料抓斗与机构运动简图

2.3　齿轮的范成与虚拟范成实验

齿轮的范成实验通过齿轮范成仪来模拟加工齿轮的过程，了解用范成法切制渐开线轮廓的齿轮的基本原理与方法；齿轮的虚拟范成实验通过 VB 编程来模拟加工齿轮的过程，了解用函数与坐标变换方法再现渐开线轮廓的齿轮切制的基本原理与方法。

2.3.1　预备知识

齿轮的范成加工可以用齿轮型刀具或齿条型刀具，用齿轮型刀具加工齿轮的插齿机床部分结构如图 2.27 所示，插齿刀如图 2.28 所示。用齿条型刀具加工齿轮的滚齿机部分结构如图 2.29 所示，滚刀如图 2.30 所示。

(a) 盘形插齿刀

(b) 碗形插齿刀

图 2.27 插齿机床的部分结构图　　　　图 2.28 插齿刀

图 2.29 滚齿机的部分结构图　　　　图 2.30 滚刀

本次实验,用齿条型刀具加工出渐开线轮廓的齿轮,如图 2.31 所示。这里仅考虑齿条型刀具的直线刀刃部分,如图 2.32 所示。

(1) 共轭曲线的直角坐标法求解

下面研究用直线刀刃加工出渐开线轮廓的齿轮。设初始时刀具一侧的直线 K 上的 M 点为切削点(齿轮齿条传动时为啮合点),当齿条位移 $r_2\varphi_2$ 时,K 移动到 K_1,K_1 上的 M_1 点成为切削点。如图 2.32(a)所示,在与齿条 1 固连的坐标系 $x_1O_1y_1$ 中,刀具一侧的直线上 M_2 点的坐标为 $x_{M_2}=0$、$y_{M_2}=-0.5s/\tan\alpha$,M_3 点的坐标为 $x_{M_3}=0.5s$、$y_{M_3}=0$,任意点 M_1 的坐标为 x_1、y_1。如图 2.32(b)所示,直线 K_1 在坐标系 $x_1O_1y_1$ 中的方程为

$$\begin{cases} y_1=-0.5s/\tan\alpha+\tan(\pi/2-\alpha)x_1=-0.5s/\tan\alpha+x_1/\tan\alpha \\ f[x_1(\varphi_2=0),y_1(\varphi_2=0),\varphi_2=0]=\tan\alpha\cdot y_1-x_1+0.5s=0 \end{cases} \tag{2-1}$$

由图 2.32(b)得 b 与 x_1、y_1 和 α 的几何关系为 $b\tan\alpha=O_1Q=x_1\tan\alpha+y_1$,即

$$b=x_1+y_1/\tan\alpha \tag{2-2}$$

现在求与直线 K_1 共轭的曲线 K_2,将 M_1 点变换到与齿轮 2 固连的坐标系 $x_2O_2y_2$ 中,M_1 点变换到固定坐标系 XPY 中的坐标 x,y 为

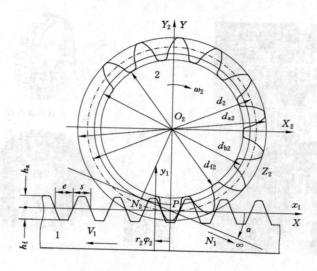

图 2.31 用齿条型刀具加工出的渐开线齿廓的齿轮

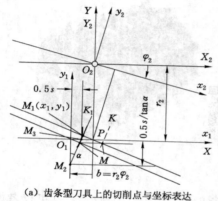

（a）齿条型刀具上的切削点与坐标表达

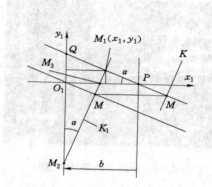

（b）齿条型刀具上的切削刃与坐标表达

图 2.32 直线族与共轭齿廓

$$\begin{cases} x = x_1 - b \\ y = y_1 \end{cases} \tag{2-3}$$

式(2-3)就是啮合线的方程。

将 x, y 再次变换到坐标系 $x_2 O_2 y_2$ 中，得到共轭曲线 K_2 的坐标 x_2, y_2 为

$$x_2 = (x_1 - b)\cos \varphi_2 - (y_1 - r_2)\sin \varphi_2$$

$$y_2 = (x_1 - b)\sin \varphi_2 + (y_1 - r_2)\cos \varphi_2$$

$$\begin{cases} x_2 = (-y_1/\tan \alpha)\cos \varphi_2 - (y_1 - r_2)\sin \varphi_2 \\ y_2 = (-y_1/\tan \alpha)\sin \varphi_2 + (y_1 - r_2)\cos \varphi_2 \end{cases} \tag{2-4}$$

式(2-4)是渐开线在直角坐标中的参数方程。

利用欧拉-萨瓦里(Euler-Savary)公式可以证明，直齿条对应的齿廓为渐开线。

（2）共轭曲线与动瞬心线和定瞬心线之间的数学关系

在图 2.33 中,曲线 K_2 在固定坐标系 xPy 中运动,K_2 曲线族(K_{21}、K_{22}、$\cdots$、K_{2n})的包络线为 K_1。当 K_2 相对 K_1 运动时,速度瞬心为 P,一系列的 P 点在曲线 K_2 的平面上形成动瞬心线 P_m,在曲线 K_1 的平面上形成定瞬心线 P_f,它们在 P 点外切。

设 M 为曲线 K_{21} 与包络线 K_1 的接触点,M' 为曲线 K_{22} 与包络线 K_1 的接触点,A 为曲线 K_{21} 的曲率中心,A' 为曲线 K_{22} 的曲率中心,A 点到速度瞬心 P 的距离为 r,A 点的曲率中心为 O_A,曲线 K_{21} 的曲率半径为 ρ_2,曲线 K_1 在 M 点的曲率半径为 ρ_1,M 点到 P 点的距离为 l,$r=\rho_2+l$,$r_1=\rho_1-l$。

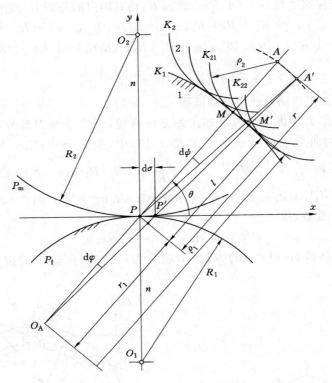

图 2.33 动瞬心线与定瞬心线外切的欧拉-萨瓦里方程

在图 2.33 中,$AA'\approx(PA)\mathrm{d}\psi\approx r\mathrm{d}\psi$,$\triangle AO_AA'$ 与 $\triangle APA'$ 之间的几何关系为

$$\mathrm{d}\varphi\approx\frac{AA'}{AO_A}\approx\frac{PA\times\mathrm{d}\psi}{AO_A}\approx\frac{PA}{PO_A+PA}\mathrm{d}\psi \tag{2-5}$$

由 $\triangle PO_AP'$ 得几何关系为

$$\mathrm{d}\varphi\approx\frac{PP'\sin(\theta-\mathrm{d}\varphi)}{PO_A}\approx\frac{PP'\sin\theta}{PO_A}\approx\mathrm{d}\sigma\frac{\sin\theta}{PO_A} \tag{2-6}$$

结合式(2-5)、式(2-6)得 $\dfrac{PA}{PO_A+PA}\mathrm{d}\psi=\mathrm{d}\sigma\dfrac{\sin\theta}{PO_A}$,$\dfrac{\mathrm{d}\psi}{\mathrm{d}\sigma}=\dfrac{\sin\theta}{PO_A}\cdot\dfrac{PO_A+PA}{PA}$,即

$$\frac{\mathrm{d}\psi}{\mathrm{d}\sigma}\approx\frac{PO_A+PA}{PO_A\times PA}\sin\theta \tag{2-7}$$

当 $\mathrm{d}\psi\rightarrow0$ 时,$\mathrm{d}\psi/\mathrm{d}\sigma$ 的极值为

$$\frac{\mathrm{d}\psi}{\mathrm{d}\sigma}=\left(\frac{1}{\overrightarrow{PA}}+\frac{1}{\overrightarrow{PO_A}}\right)\sin\theta \tag{2-8}$$

式(2-8)中，$\overrightarrow{PA}$、$\overrightarrow{PO_A}$ 必须是由 P 到 A、由 P 到 O_A 的有向线段，这里 A 位于 x 轴的上方，O_A 位于 x 轴的下方。

由于 $\mathrm{d}\varphi/\mathrm{d}t$ 表示动平面相对定平面的角速度 ω_2，$\mathrm{d}\sigma/\mathrm{d}t$ 表示速度瞬心的位移速度 $v_P = u$，为此，式(2-8)进一步表达为

$$\left(\frac{1}{\rho_2+l}+\frac{1}{\rho_1-l}\right)\sin\theta=\frac{\omega_2}{v_P}=\frac{\omega_2}{u} \tag{2-9}$$

ω_2/u 是一个与动点位置无关的瞬时不变量。

速度瞬心的位移速度如图 2.34 所示，动圆 K_2 相对固定的外圆 K_1 纯滚动，速度瞬心 P_{12} 的位移速度为 u，$v_{O_2}/u=(R_1+R_2)/R_1$，$v_{O_2}=R_2\omega_2$，$R_2\omega_2/u=(R_1+R_2)/R_1$，$\omega_2/u=(R_1+R_2)/(R_1R_2)=1/R_2+1/R_1$。将 $\omega_2/u=(R_1+R_2)/(R_1R_2)=1/R_2+1/R_1$ 代入式(2-9)得

$$\left(\frac{1}{\rho_2+l}+\frac{1}{\rho_1-l}\right)\sin\theta=\frac{1}{R_1}+\frac{1}{R_2} \tag{2-10}$$

（3）直线齿廓加工出渐开线齿廓的证明

如图 2.35 所示，若用齿条型刀具加工渐开线齿轮，则齿条型刀具分度圆的半径 $R_2\to\infty$，齿条型刀具刃的曲率半径 $\rho_2\to\infty$。在式(2-10)中，令 $\rho_2\to\infty$，$R_2\to\infty$，得几何关系为 $\left(\frac{1}{\infty+l}+\frac{1}{\rho_1-l}\right)\sin\theta=\frac{1}{R_1}+\frac{1}{\infty}$，即 $\frac{1}{\rho_1-l}\sin\theta=\frac{1}{R_1}$，$\rho_1-l=R_1\sin\theta$。在图 2.35 中，$\rho_1=MN_1$，$R_1\sin\theta=PN_1$，$l=MP$，为此 $\rho_1-l=MN_1-MP=R_1\sin\theta=PN_1$。图 2.35 中的 θ 就是齿条的压力角 α，是一个常数，故

$$PN_1=R_1\sin\theta=R_1\sin\alpha=\mathrm{con.} \tag{2-11}$$

式(2-11)为渐屈线（evolute）的方程，渐屈线为一个圆，齿轮 1 的齿廓为圆的渐开线（involute）。

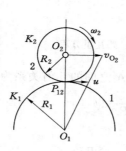

图 2.34　速度瞬心的位移速度

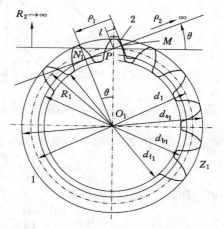

图 2.35　直线齿廓加工出渐开线齿廓的证明

2.3.2　实验目的

（1）掌握利用范成方法切制渐开线齿轮的基本原理。

（2）了解齿轮产生根切现象的原因及避免产生根切的方法。

（3）分析比较标准齿轮和变位齿轮的异同点。

2.3.3 实验原理

范成法是利用一对齿轮相啮合时,两轮的齿廓互为包络线的原理进行齿轮加工的一种方法。当把其中的一个齿轮或齿条做成刀具,在与被加工齿轮的轮坯做与啮合传动时一样的运动的同时,让刀具相对轮坯再做切削运动与进给运动,一旦进给量达到齿全高,则被加工齿轮的齿廓就被切削出来。在实际加工中,包络线的形成过程是看不见的。若用范成仪来模拟齿轮的加工过程,则齿廓成形的全部过程可以看见。

2.3.4 实验设备

齿轮范成仪及其结构简图如图 2.36 所示。被加工齿轮(实验中为接近扇形的一张纸)与扇形板 2 在 O 点同心固联,可绕机架 3 上的固定中心 O 转动,齿条刀具 4(实验中为透明的塑料板)安装在滑架 5 上,当滑架 5 沿机架水平方向以速度 v 移动时,带动扇形板 2 以角速度 ω 转动。当被加工齿轮的分度圆(半径为 r)与齿条中线相切时,可加工出标准齿轮。滑架 5 在 A 处装有左蝶形螺母 8、在 B 处装有右蝶形螺母 7 以调节齿条刀具相对固定中心 O 的位置,当刀具中线与分度圆分离时,则加工出正变位齿轮;当刀具中线与分度圆相割时,则加工出负变位齿轮。加工齿轮时,齿条刀具与轮坯的传动比为常数。当用图纸做轮坯时,用笔将刀具刀刃在轮坯上各个位置的线段描绘下来,则可以清楚地观察到范成法形成被加工齿轮的齿廓曲线的全过程。

 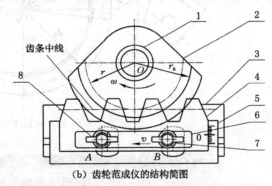

（a）齿轮范成仪　　　　　（b）齿轮范成仪的结构简图

1—圆螺母;2—扇形板;3—底座(机架);4—齿条刀具;5—滑架;6—压板;7—右蝶形螺母;8—左蝶形螺母。

图 2.36　齿轮范成仪及其结构简图

2.3.5 实验步骤

(1) 已知刀具的模数 $m = 20$ mm,压力角 $\alpha = 20°$,齿顶高系数 $h_a^* = 1$,顶隙系数 $c^* = 0.25$,被加工齿轮的分度圆半径 $r = 80$ mm。计算被加工齿轮的齿数 Z、基圆直径 d_b、最小变位系数 x_{min}、标准及变位齿轮齿顶圆直径 d_a 和齿根圆直径 d_f 等。根据计算数据在轮坯纸盘上画出相应各圆半径,剪切出安装孔。

(2) "切制"标准齿轮时,刀具中线与轮坯分度圆相切。先将刀具移向右极端位置,然后每当刀具向左端移动 2~3 mm 距离时,轮坯转过一个角度,用笔描下齿条刀刃在轮坯纸盘上的切削位置。依此重复,直到形成 2 个完整的齿形为止。

(3) 观察齿廓曲线包络过程与轮齿根部根切现象,分析根切的原因。

（4）"切制"正变位齿轮时，刀具中线与分度圆分离 xm，用同样的方法绘制出正变位齿轮的 2 个完整齿形。

（5）"切制"负变位齿轮时，刀具中线相对分度圆入内 xm，用同样的方法绘制出负变位齿轮的 2 个完整齿形。

2.3.6　齿轮的虚拟范成实验

齿条刀具的齿廓可以通过数学方程进行表达，如图 2.37 所示，从相对运动的角度来说，可以让被加工齿轮相对静止，让齿条刀具保持原来的相对移动再加上一个与被加工齿轮转动方向相反的相对运动，则齿条刀具的齿廓在平面上会留下大量的廓线，这些廓线的包络线就是被加工齿轮的齿廓，如图 2.38 所示。

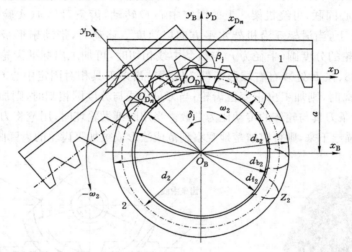

图 2.37　用齿条刀具加工外齿轮的原理图

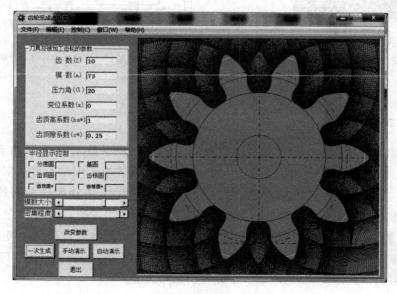

图 2.38　基于 VB 的齿轮虚拟范成实验

2.4 渐开线直齿圆柱齿轮的参数测定实验

渐开线齿轮的参数测定实验通过对齿轮的几何测量与计算,从而确定齿轮的基本参数与公差。

2.4.1 预备知识

设计齿轮要标注公差,加工好的齿轮需要检测误差。对于单个齿轮,设置了齿轮传递运动的准确性、传递运动的平稳性检测指标;对于一对齿轮,设置了齿向载荷分布的均匀性、齿轮副侧隙、中心距极限偏差以及轴线的平行度检测指标等。圆柱齿轮的公差项目与检测项目如表 2.1 所示,在图样上齿轮精度等级的标注举例为 8-8-7 GB/T 10095.1—2022。

表 2.1 圆柱齿轮的公差项目与检测项目

公差项目	传递运动准确性	传递运动平稳性	齿向载荷分布均匀性	齿轮副侧隙	中心距极限偏差	轴线的平行度
检测项目	齿距累积总偏差 ΔF_P	单个齿距偏差 Δf_{Pt}	螺旋线总偏差 ΔF_β	齿厚偏差 ΔE_{sn}	中心距极限偏差 $\pm f_a(f_a=0.5ITx,$ $x=4\sim11)$	轴线平行度公差 $f_{\sum\delta}$ 与 $f_{\sum\beta}$
	齿距累积偏差 ΔF_{Pk}	齿廓总偏差 ΔF_α	齿廓总偏差 ΔF_α	公法线长度偏差 ΔE_w		

下面介绍几个与机械原理课程相关的指标与测量方法。

（1）齿厚的测量

实际齿轮的分度圆齿厚 s_j 等于标准齿厚($s_{sta}=m\pi/2$)减去齿厚减薄量($\Delta s=\Delta E_{sn}$),测量固定弦齿厚 s_c 与固定弦齿高 h_c 是检测实际齿厚的简便方法。固定弦齿厚是指标准齿条的齿廓与被测齿轮的齿廓对称相切时两切点之间的距离 s_c。如图 2.39 所示,AB 称为固定弦,固定弦至齿顶的距离称为固定弦齿高 h_c。将卡尺放在一个齿上,如图 2.40 所示,齿轮分度圆上的齿厚等于齿条分度线上的齿厚 $s=ab$,固定弦齿厚 $s_c=AB=2AP\cos\alpha$,$AP=aP\cos\alpha$ = $0.5s\cos\alpha$,于是,$s_c=s\cos^2\alpha$。固定弦齿高 $h_c=h_a-Pg=h_a-AP\sin\alpha=h_a-0.5s\cos\alpha\sin\alpha=h_a-0.25s\sin(2\alpha)$。将卡尺的游标高度调节到 h_c,通过测量固定弦齿厚 s_c,可知道分度圆上实际齿厚 s_j 的数值,从而知道 $s_j=s_c/\cos^2\alpha$ 是否满足精度($s-E_{sni}\leqslant s_j\leqslant s-E_{sns}$),$E_{sni}$ 为齿厚下偏差,E_{sns} 为齿厚上偏差,齿厚公差 $T_{sn}=E_{sns}-E_{sni}$。显然,该测量方法以齿顶圆为测量基准,其测量精度与齿顶圆直径的加工精度有关。

（2）公法线长度的测量

不以齿顶圆为测量基准,也可以测量出齿厚,那就是通过测量公法线的长度 W_k 来计算出齿厚。测量公法线长度 W_k 的方法如图 2.41 所示,首先要确定跨齿数 k,然后可知公法线长度 W_k 为

$$W_k=(k-1)p_b+s_b \tag{2-12}$$

式中,$p_b=m\pi\cos\alpha$,$s_b=s\cos\alpha+(mZ\cos\alpha)inv\,\alpha$,$s=m\pi/2+2xm\tan\alpha$,将它们代入式(2-12)

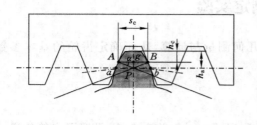
图 2.39　固定弦齿厚和固定弦齿高

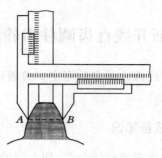
图 2.40　固定弦齿厚的测量

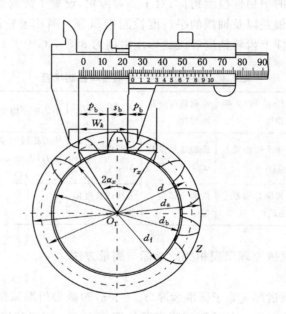

图 2.41　公法线长度的测量

中得 W_k 为

$$W_k=(k-1)m\pi\cos \alpha+(m\pi/2+2xm\tan \alpha)\cos \alpha+(mZ\cos \alpha)\text{inv} \alpha$$

$$W_k=m\cos \alpha[(k-1)\pi+\pi/2+Z\text{inv} \alpha]+2xm\sin \alpha \tag{2-13}$$

在图 2.41 中，r_x 为游标卡尺与齿面接触点到齿轮中心的距离，分度圆半径 $r=d/2$，令 $r_x=r+xm$，x 为变位系数，$W_k=2r_b\tan \alpha_x=mZ\cos \alpha\tan \alpha_x$，$\alpha_x=\arccos(r_b/r_x)=\text{arcos}[Z\cos \alpha/(Z+2x)]$，$\text{inv} \alpha=\tan \alpha-\alpha$，将它们代入式(2-13)中，得跨齿数 k 为

$$m\cos \alpha[(k-1)\pi+\pi/2+Z\text{inv} \alpha]+2xm\sin \alpha=mZ\cos \alpha\tan \alpha_x$$

$$(k-1)\pi+\pi/2+Z\text{inv} \alpha+2x\tan \alpha=Z\tan \alpha_x$$

$$k\pi=\pi/2+Z\tan \alpha_x-Z(\tan \alpha-\alpha)-2x\tan \alpha$$

$$k\pi=\pi/2+Z\tan \alpha_x-Z\tan \alpha+Z\cdot \alpha-2x\tan \alpha$$

$$k=\frac{\alpha}{\pi}Z+0.5+\frac{Z}{\pi}(\tan \alpha_x-\tan \alpha)-\frac{2x}{\pi}\tan \alpha \tag{2-14}$$

当变位系数 $x=0$ 时，$\alpha_x=\alpha$，$k=\text{int}(\alpha Z/\pi+0.5)$，$\text{int}()$ 为取整函数。

若 $Z=18$，跨齿数 $k=\text{int}(\alpha Z/180°+0.5)$，压力角 $\alpha=20°$，$k=\text{int}(20°\times18/180°+0.5)=$

3。若模数 $m=4$ mm，$x=0$，W_3 的理论计算值为

$$s=m\pi/2=4\times\pi/2=6.283\text{（mm）}$$

$$r_b=mZ\cos\alpha/2=4\times18\cos 20°/2=33.829\text{（mm）}$$

$$r=mZ/2=4\times18/2=36\text{（mm）}$$

$$s_b=s\frac{r_b}{r}+2r_b\text{inv }20°=\frac{4\pi}{2}\times\frac{33.829}{36}+67.658(\tan 20°-20°\times\pi/180°)=6.913\text{（mm）}$$

$$W_3=(k-1)p_b+s_b=(k-1)m\pi\cos\alpha+s_b=(3-1)4\pi\cos 20°+6.913=30.530\text{（mm）}$$

若 W_3 的测量值 $W_{3c}=30.450$ mm，则 $W_3-W_{3c}=30.530-30.450=0.080$（mm），$W_3-W_{3c}=0.080$ mm 即为齿厚减薄量，实际的齿厚 $s_j=s-0.080=6.283-0.080=6.203$（mm）。

当模数 $m=4$ mm 时，7 级精度的齿距极限偏差 $f_{pt}=18$ μm，径向跳动容许值 $F_r=31$ μm。经查国家标准，齿厚上偏差代号为 F，齿厚上偏差 $E_{sns}=-4f_{pt}=-72$ μm，齿厚下偏差代号为 K，齿厚下偏差 $E_{sni}=-12f_{pt}=-216$ μm，公法线长度上极限偏差 $E_{Ws}=E_{sns}\cos\alpha-0.72F_r\sin\alpha=-0.072\cos 20°-0.72\times0.031\sin 20°=-0.075$ mm，公法线长度下极限偏差 $E_{Wi}=E_{sni}\cos\alpha+0.72F_r\sin\alpha=-0.216\cos 20°+0.72\times0.031\sin 20°=-0.195$ mm。则公法线平均长度的标注为 $30.530^{-0.075}_{-0.195}$，齿厚减薄量 0.080 mm 在公差范围之内。

2.4.2 实验目的

掌握测量渐开线直齿圆柱齿轮基本参数的常用方法，通过测量与计算，了解齿轮各部分几何尺寸与基本参数之间的关系。

2.4.3 实验原理

渐开线直齿圆柱齿轮的基本参数是齿数 Z、模数 m、齿顶高系数 h_a^*、顶隙系数 c^*、分度圆压力角 α 和变位系数 x。通过测量齿顶圆直径 d_a、齿根圆直径 d_f、公法线长度 W_k 与 W_{k+1}，可以确定齿轮的基本参数（m、α、h_a^*、c^*、x）与部分项目的偏差。

2.4.4 实验设备

（1）渐开线直齿圆柱齿轮（精度等级：8FL）。

（2）游标卡尺（游标卡尺的读数误差小于 0.02 mm）、计算器（自备）、直尺。

2.4.5 实验内容

（1）公法线长度的测量

公法线是 k 个齿之间渐开线的法向距离，如图 2.41 所示。

利用游标卡尺测量跨 k 个齿的公法线长度 W_k，再测量 $k+1$ 个齿的公法线长度 W_{k+1}，在不同位置上测量三次，取其平均值 $\overline{W}_k$、$\overline{W}_{k+1}$，记入实验报告。

（2）齿顶圆直径与齿根圆直径的测量

对于偶数齿的齿轮，齿顶圆直径 d_a 与齿根圆直径 d_f 可以直接测量。

图 2.42　奇数齿时直径的测量

对于奇数齿的齿轮,如图 2.42 所示,先测量出齿轮的内孔直径 d_n,再测量出孔壁到齿顶的距离 n_a、到齿根的距离 n_f,于是,齿顶圆直径 $d_a=d_n+2n_a$,齿根圆直径 $d_f=d_n+2n_f$。

(3)基圆齿距与基圆齿厚的确定

由公法线长度 $W_k=(k-1)p_b+s_b$,$W_{k+1}=kp_b+s_b$,基圆齿距 $p_b=W_{k+1}-W_k$,基圆齿厚 $s_b=W_k-(k-1)p_b$。

(4)齿全高的确定

对于偶数齿的齿轮,齿全高 $h=(d_a-d_f)/2$;对于奇数齿的齿轮,齿全高 $h=n_a-n_f$。

(5)模数与压力角的确定

由 $p_b=p\cos\alpha=m\pi\cos\alpha$ 得模数 $m=p_b/(\pi\cos\alpha)$,将 $\alpha=15°$、$20°$ 代入模数计算式,取模数最接近标准模数系列值表中的一个。

(6)变位系数的确定

由 $s_b=s\cos\alpha+(mZ\cos\alpha)\text{inv}\,\alpha=(m\pi/2+2xm\tan\alpha)\cos\alpha+mZ\cos\alpha\text{inv}\,\alpha$ 得变位系数的计算值 $x=(s_b/\cos\alpha-mZ\text{inv}\,\alpha-m\pi/2)/(2m\tan\alpha)$。当 $|x|<0.01$ 时,则认为 x 的出现是由测量误差产生的,此时,认为齿轮为标准齿轮。

(7)中心距的测量

当齿轮与轴不能从箱体的孔中取出时,可先测量两轴之间的距离 a_s,再测量两轴的直径 d_{s1}、d_{s2},于是,一对齿轮的实际中心距 $a'=a_s+(d_{s1}+d_{s2})/2$。当齿轮与轴能从箱体的孔中取出时,可先测量两孔之间的距离 a_h,再测量两孔的直径 d_{h1}、d_{h2},于是,一对齿轮的实际中心距 $a'=a_h+(d_{h1}+d_{h2})/2$。

(8)分度圆分离系数的确定

一对齿轮的标准中心距 $a=m(Z_1+Z_2)/2$,当知道实际中心距时,由 $a'\cos\alpha'=a\cos\alpha$ 得啮合角 α',于是,得分度圆分离系数 $y=0.5(Z_1+Z_2)(\cos\alpha/\cos\alpha'-1)$。

(9)齿顶高系数与顶隙系数的确定

由于 $h_a=[(2n_a+d_k)-mZ]/2=(h_a^*+x-\sigma)m$,$h_f=[mZ-(2n_f+d_k)]/2=(h_a^*+c^*-x)m$,齿顶高变动系数 $\sigma=(x_1+x_2)-y$,所以,得齿顶高系数 $h_a^*=[(2n_a+d_k)-mZ]/(2m)-x+\sigma$,顶隙系数 $c^*=[mZ-(2n_f+d_k)]/(2m)-h_a^*+x$。

2.5 刚性转子的动平衡实验

2.5.1 预备知识

刚性转子是指变形忽略不计、相对较长的转子。刚性转子在机械设备上得到广泛应用,如齿轮轴(图 2.43)、高铁驱动轮组件(图 2.44)、高铁驱动轴组件(图 2.45)、电机转子(图 2.46)等。

由于制造误差等因素,刚性转子的中心惯性主轴常常不在其回转轴线上,转子转动时就会产生离心惯性力与惯性力矩,而离心惯性力与惯性力矩作用在支撑它的支座上,会造成机器的振动。

将一个刚性转子安装在硬支撑的动平衡试验机上,力学分析简图如图 2.47 所示,在 xOy 平面中,刚性转子的质量为 M、质心在 S 点,在 y 轴上的位移为 y_S(在图示坐标系中为

图 2.43 齿轮轴

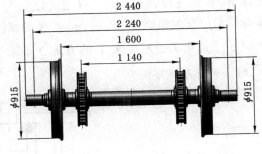

图 2.44 高铁驱动轮组件

图 2.45 高铁驱动轴组件

图 2.46 电机转子

负值)、速度为 $\mathrm{d}y_S/\mathrm{d}t$、加速度为 $\mathrm{d}^2 y_S/\mathrm{d}t^2$,关于 z 轴的转动惯量为 J_z、摆角为 θ(在图示坐标系中为负值)、角速度为 $\mathrm{d}\theta/\mathrm{d}t$、角加速度为 $\mathrm{d}^2\theta/\mathrm{d}t^2$,左端的支撑刚度为 $k_1(\mathrm{N}/\mu\mathrm{m})$、右端的支撑刚度为 $k_2(\mathrm{N}/\mu\mathrm{m})$,数值均较大,左端支撑处的位移 $\Delta y_1 = y_S - (h_1 + b_L)\theta$,弹性支反力 $F_{k1} = -k_1 \Delta y_1$,右端支撑处的位移 $\Delta y_2 = y_S + (h_2 + b_R)\theta$,弹性支反力 $F_{k2} = -k_2 \Delta y_2$,m_1 为左端面上的偏心质量、偏心距为 r_1,m_2 为右端面上的偏心质量、偏心距为 r_2。

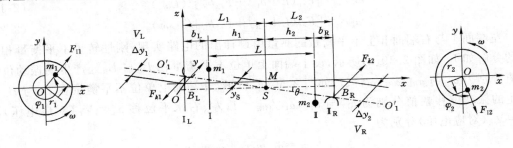

图 2.47 刚性转子不平衡量相关性的分解

刚性转子的运动微分方程为

$$M\ddot{y}_S = -k_1 \Delta y_1 - k_2 \Delta y_2 + m_1 r_1 \omega^2 \cos \varphi_1 + m_2 r_2 \omega^2 \cos \varphi_2 \tag{2-15}$$

$$J_z \ddot{\theta} = k_1 \Delta y_1 (h_1 + b_L) - k_2 \Delta y_2 (h_2 + b_R) - m_1 r_1 \omega^2 h_1 \cos \varphi_1 + m_2 r_2 \omega^2 h_2 \cos \varphi_2 \tag{2-16}$$

式(2-15)、式(2-16)表明,Δy_1、Δy_2 是独立变量 y_S 与 θ 的相关联函数,包含着 m_1 与 m_2 的共同影响,这对确定 m_1 与 m_2 的数值是困难的,下面将 m_1 与 m_2 分离开来讨论。

当把刚性转子的不均匀性理解为是由刚性转子左端面 Ⅰ 上的 m_1、r_1、φ_1 与右端面 Ⅱ 上的 m_2、r_2、φ_2 引起的时,如图 2.48 所示,左水平支撑 I_L 处的支反力为 $F_{k1} = -k_1 \Delta y_1$、右水平

支撑 II_R 处的支反力为 $F_{k2} = -k_2 \Delta y_2$，Δy_1 与 Δy_2 为传感器检测到的左水平支撑与右水平支撑处振动位移的幅值，质量 m_1、m_2 产生的惯性力幅值分别为 $F_{I1} = m_1 r_1 \omega^2$、$F_{I2} = m_2 r_2 \omega^2$，在 xOy 平面里关于左端面 I 的力矩 $\sum M_{\text{I}}$ 平衡方程、在 xOy 平面里关于右端面 II 的力矩 $\sum M_{\text{II}}$ 平衡方程分别为

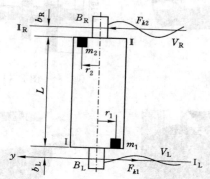

图 2.48　左右端面不平衡量的受力分析

$$\sum M_{\text{I}} = F_{k2}(L + b_R) + m_2 r_2 \omega^2 L \cos\varphi_2 + F_{k1} b_L = 0$$

$$\sum M_{\text{II}} = F_{k1}(L + b_L) + m_1 r_1 \omega^2 L \cos\varphi_1 + F_{k2} b_R = 0$$

$$F_{k1} b_L + F_{k2}(L + b_R) = -m_2 r_2 \omega^2 L \cos\varphi_2 = -F_{I2} L \cos\varphi_2 \tag{2-17}$$

$$F_{k1}(L + b_L) + F_{k2} b_R = -m_1 r_1 \omega^2 L \cos\varphi_1 = -F_{I1} L \cos\varphi_1 \tag{2-18}$$

取惯性力的最大值，得质径积 $(m_1 r_1)$ 与 $(m_2 r_2)$ 分别为

$$F_{k1} b_L + F_{k2}(L + b_R) = m_2 r_2 \omega^2 L, \quad F_{k1}(L + b_L) + F_{k2} b_R = m_1 r_1 \omega^2 L$$

$$m_1 r_1 = [F_{k1}(L + b_L) + F_{k2} b_R]/(L\omega^2) \tag{2-19}$$

$$m_2 r_2 = [F_{k2}(L + b_R) + F_{k1} b_L]/(L\omega^2) \tag{2-20}$$

左端面 I 与右端面 II 上不平衡量的测量由设计出的电路实现，刚性转子不平衡量相关性的分解如下，如图 2.49(a)所示，设 I 端面上单位不平衡量在 B_L 与 B_R 处产生的振动位移幅值分别为 α_{L1} 与 α_{R1}，$\alpha_{R1}/\alpha_{L1} < 1$；如图 2.50(a)所示，$\text{II}$ 端面上单位不平衡量在 B_L 与 B_R 处产生的振动位移幅值分别为 α_{L2} 与 α_{R2}，$\alpha_{L2}/\alpha_{R2} < 1$；左、右水平位移 $x_L = V_L$（对应电压）与 $x_R = V_R$（对应电压）分别为

$$V_L = x_L = \alpha_{L1} m_1 r_1 + \alpha_{L2} m_2 r_2$$

$$V_R = x_R = \alpha_{R1} m_1 r_1 + \alpha_{R2} m_2 r_2$$

$$\begin{bmatrix} \alpha_{L1} & \alpha_{L2} \\ \alpha_{R1} & \alpha_{R2} \end{bmatrix} \begin{bmatrix} m_1 r_1 \\ m_2 r_2 \end{bmatrix} = \begin{bmatrix} V_L \\ V_R \end{bmatrix}$$

令 $\alpha = \alpha_{L1}\alpha_{R2} - \alpha_{L2}\alpha_{R1}$，得

$$\begin{cases} m_1 r_1 = (V_L \alpha_{R2} - V_R \alpha_{L2})/\alpha \\ m_2 r_2 = (V_R \alpha_{L1} - V_L \alpha_{R1})/\alpha \end{cases} \tag{2-21}$$

只要知道了四个影响系数 α_{L1}、α_{R1}、α_{L2}、α_{R2}，测量出了 V_L 与 V_R 的数值，就可以计算出 $(m_1 r_1)$ 与 $(m_2 r_2)$。

左端面不平衡量的校零电路如图 2.49(b)所示，调整电位器 W_1 使 $V_L - k_1 V_R = 0$，就消

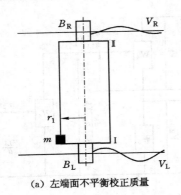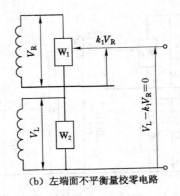

（a）左端面不平衡校正质量　　　（b）左端面不平衡量校零电路

图 2.49　左端面不平衡影响量与校零电路

除了Ⅱ端面对Ⅰ端面的影响，$k_1=\alpha_{L2}/\alpha_{R2}$。

右端面不平衡量的校零电路如图 2.50(b)所示，调整电位器 W_3 使 $V_R-k_2V_L=0$，就消除了Ⅰ端面对Ⅱ端面的影响，$k_2=\alpha_{R1}/\alpha_{L1}$。

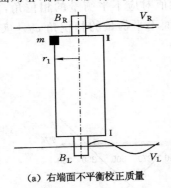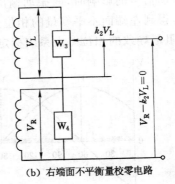

（a）右端面不平衡校正质量　　　（b）右端面不平衡量校零电路

图 2.50　右端面不平衡影响量与校零电路

事实上，动平衡试验机不需要求出 α_{L1}、α_{R1}、α_{L2}、α_{R2} 的数值，只要通过解算电路就可以计算出 (m_1r_1) 与 (m_2r_2)。为此，将式(2-21)改写为

$$\begin{cases}(\alpha/\alpha_{R2})(m_1r_1)=V_L-(\alpha_{L2}/\alpha_{R2})V_R\\(\alpha/\alpha_{L1})(m_2r_2)=V_R-(\alpha_{R1}/\alpha_{L1})V_L\end{cases}\tag{2-22}$$

式(2-22)的物理意义是，Ⅰ端面上的不平衡量 (m_1r_1) 等于 V_L 减去 V_R 与 α_{L2}/α_{R2} 的乘积，再乘以 α_{R2}/α；Ⅱ端面上的不平衡量 (m_2r_2) 等于 V_R 减去 V_L 与 α_{R1}/α_{L1} 的乘积，再乘以 α_{L1}/α。

图 2.51 为左端面不平衡量 (m_1r_1) 的测量电路，将电位器 W_1 调节为 α_{L2}/α_{R2}，电位器 W_3 调节为 α_{R2}/α，则 $m_1r_1=[V_L-(\alpha_{L2}/\alpha_{R2})V_R](\alpha_{R2}/\alpha)$。

图 2.52 为右端面不平衡量 (m_2r_2) 的测量电路，将电位器 W_4 调节为 α_{R1}/α_{L1}，电位器 W_6 调节为 α_{L1}/α，则 $m_2r_2=[V_R-(\alpha_{R1}/\alpha_{L1})V_L](\alpha_{L1}/\alpha)$。

电位器 $W_1\sim W_6$ 的调节由生产厂家完成。

在一个标准转子的左端半径 r_1 处增加一个质量为 m_1 的配重时，由于 V_L、V_R 与 α_{L2}/α_{R2} 为已知，所以，式(2-22)中的 $\alpha_{R2}/\alpha=m_1r_1/[V_L-(\alpha_{L2}/\alpha_{R2})V_R]$。

在一个标准转子的右端半径 r_2 处增加一个质量为 m_2 的配重时，由于 V_L、V_R 与 α_{R1}/α_{L1}

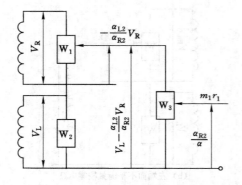
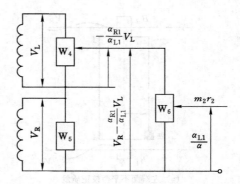

图 2.51　左端面不平衡量的测量电路　　　　　图 2.52　右端面不平衡量的测量电路

为已知,所以,式(2-22)中的 $\alpha_{L1}/\alpha = m_2 r_2/[V_R - (\alpha_{R1}/\alpha_{L1})V_L]$。

　　左端面不平衡量($m_1 r_1$)的相位角 φ_1 与右端面不平衡量($m_2 r_2$)的相位角 φ_2 通过鉴相电路测量,时基脉冲等间距地产生脉冲信号,等价于 $\varphi = i, i = 1°, 2°, 3°, \cdots, 360°$。当忽略系统的阻尼对振动信号的影响时,取振动输出电压的最大值对应不平衡量的相位角,如图 2.53 所示,于是,得到左端面不平衡量的相位角 φ_1 与右端面不平衡量的相位角 φ_2。实际上系统存在阻尼,阻尼导致的相位差由系统标定予以消除。

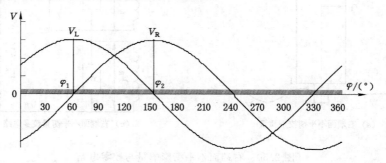

图 2.53　左右端面上不平衡量相位角的测量原理

2.5.2　实验目的

　　由于制造误差、转子内部物质分布的不均匀性,刚性转子的转动轴线不一定位于中心惯性主轴上,因而在两端支撑的轴承上产生附加的动压力。为了消除附加的动压力,需要确定刚性转子上不平衡质量 m 的大小、位置 r 与方位 φ。测量刚性转子上不平衡质量的大小,寻找其位置与方位是做动平衡实验的目的,同时,了解动平衡试验机的组成、工作原理与转子不平衡质量的校正方法,通过参数化与可视化的方法,观察刚性转子动平衡虚拟实验的平衡效果。

2.5.3　实验原理

　　刚性转子动平衡试验机如图 2.54(a)所示,其工作原理简图如图 2.54(b)所示。当刚性转子转动时,若刚性转子上存在不平衡质量,它将产生惯性力,其水平分量将在左、右两个支撑 ZC_1、ZC_2 上分别产生水平振动,只要拾取左、右两个支撑上的水平振动信号,经过一定的转换、变换与标定,就可以获得刚性转子左、右两个校正平面 I、II 上应增加或减少的质量的大小与相位。

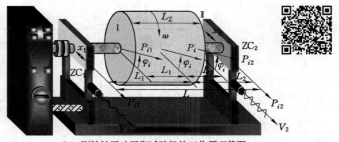

（a）刚性转子动平衡试验机   （b）刚性转子动平衡试验机的工作原理简图

图 2.54　刚性转子动平衡试验机的结构与工作原理简图

由机械原理知道,刚性转子上任意不平衡质量 m_i 将产生惯性力 $\boldsymbol{P}_i$,$P_i = m_i\omega^2 r_i$,m_i 与左、右两个校正平面 Ⅰ、Ⅱ 上的 $m_{i\mathrm{I}}$、$m_{i\mathrm{II}}$ 等效,$m_{i\mathrm{I}} = m_i L_{\mathrm{II}}/L_Z$,$m_{i\mathrm{II}} = m_i L_{\mathrm{I}}/L_Z$;$\boldsymbol{P}_i$ 与左、右两个校正平面 Ⅰ、Ⅱ 上的 $\boldsymbol{P}_{i\mathrm{I}}$、$\boldsymbol{P}_{i\mathrm{II}}$ 等效,$P_{i\mathrm{I}} = P_i L_{\mathrm{II}}/L_Z = m_{i\mathrm{I}}\omega^2 r_{i\mathrm{I}}$,$P_{i\mathrm{II}} = P_i L_{\mathrm{I}}/L_Z = m_{i\mathrm{II}}\omega^2 r_{i\mathrm{II}}$;$\boldsymbol{P}_i$ 在左、右两个支撑 ZC_1、ZC_2 上的水平分量分别为 $\boldsymbol{P}_{i1}$、$\boldsymbol{P}_{i2}$,$P_{i1} = P_i \cos\varphi_i L_2/L$,$P_{i2} = P_i \cos\varphi_i L_1/L$。将所有的 $\boldsymbol{P}_{i1}$、$\boldsymbol{P}_{i2}$ 作矢量相加,得左、右两个支撑 ZC_1、ZC_2 上总的惯性力的水平分量分别为 $\sum\boldsymbol{P}_{i1}$、$\sum\boldsymbol{P}_{i2}$。$\sum\boldsymbol{P}_{i1}$、$\sum\boldsymbol{P}_{i2}$ 在左、右支撑 ZC_1、ZC_2 上产生振动的振幅分别为 x_1、x_2,在安装传感器的位置上产生振动的振幅分别为 x_{C1}、x_{C2},x_{C1}、x_{C2} 对应的电压信号分别为 V_1、V_2。若将 V_1、V_2 与左、右两个校正平面 Ⅰ、Ⅱ 上的 $m_{\mathrm{I}}\boldsymbol{r}_{\mathrm{I}}$、$m_{\mathrm{II}}\boldsymbol{r}_{\mathrm{II}}$ 建立起联系,则得到 $m_{\mathrm{I}}\boldsymbol{r}_{\mathrm{I}}$ 与 $m_{\mathrm{II}}\boldsymbol{r}_{\mathrm{II}}$ 的大小;若设置一个基准信号作为判断惯性力所在的相位,则得到 $m_{\mathrm{I}}\boldsymbol{r}_{\mathrm{I}}$、$m_{\mathrm{II}}\boldsymbol{r}_{\mathrm{II}}$ 的相位分别为 φ_{I}、φ_{II},于是,在两个校正平面 Ⅰ、Ⅱ 上沿 φ_{I}、φ_{II} 方位去掉 $m_{\mathrm{I}}\boldsymbol{r}_{\mathrm{I}}$、$m_{\mathrm{II}}\boldsymbol{r}_{\mathrm{II}}$ 或沿 $\varphi_{\mathrm{I}} + \pi$、$\varphi_{\mathrm{II}} + \pi$ 方位增加 $m_{\mathrm{I}}\boldsymbol{r}_{\mathrm{I}}$、$m_{\mathrm{II}}\boldsymbol{r}_{\mathrm{II}}$,即可实现刚性转子的动平衡。

动平衡试验机就是将 V_1、V_2 反演到 $m_{\mathrm{I}}\boldsymbol{r}_{\mathrm{I}}$、$m_{\mathrm{II}}\boldsymbol{r}_{\mathrm{II}}$,借助于基准信号,判断 $m_{\mathrm{I}}\boldsymbol{r}_{\mathrm{I}}$、$m_{\mathrm{II}}\boldsymbol{r}_{\mathrm{II}}$ 的相位 φ_{I}、φ_{II}。当然,需要通过分离与解算电路使左、右两个校正平面上的惯性力相互独立并转化为两个校正平面上应增加或减少的质量的大小,通过基准信号判断应增加或减少的质量的相位,经过信号放大、选频、A/D 变换以及标定等过程,最后,通过数码管或显示器将左、右两个校正平面上应增加或减少的质量的大小与相位显示出来。

2.5.4　实验设备

刚性转子动平衡试验机如图 2.54(a)所示,由被测转子的安装与传动单元、双速异步电动机驱动与制动单元、磁电式速度传感器与信号传输单元、基准信号发生单元与电测箱数据数字处理单元组成。

转子的形状与安装方式可以是任意的,图 2.55 为刚性转子的安装方式与参数标注图,若支承上测量出的惯性力分别为 $\boldsymbol{F}_{\mathrm{I}}$、$\boldsymbol{F}_{\mathrm{II}}$,则对应左、右平衡面上的惯性力 $\boldsymbol{P}_{\mathrm{I}}$、$\boldsymbol{P}_{\mathrm{II}}$ 分别满足 $F_{\mathrm{II}}C - P_{\mathrm{I}}B + F_{\mathrm{I}}(A+B) = 0$,$-P_{\mathrm{II}}B + F_{\mathrm{II}}(B+C) + F_{\mathrm{I}}A = 0$,$P_{\mathrm{I}} = F_{\mathrm{II}}C/B + F_{\mathrm{I}}(A+B)/B$,$P_{\mathrm{II}} = F_{\mathrm{I}}A/B + F_{\mathrm{II}}(B+C)/B$。由于 $P_{\mathrm{I}} = m_{\mathrm{I}}r_1\omega^2$,$P_{\mathrm{II}} = m_{\mathrm{II}}r_2\omega^2$,所以,一旦选定了半径 r_1、r_2,就可以知道不平衡的质量 m_{I} 与 m_{II}。

实验时,首先打开动平衡试验机电控箱上的总电源开关,指示灯亮,电控箱开始自检,显示"testE"表明自检测结束。其次选择增重、去重中的增重状态,输入转子数据 A、B、C、r_1、r_2,将速度旋钮转至低速,按启动旋钮启动电机,转子进入测量状态。等显示屏不再闪烁,则

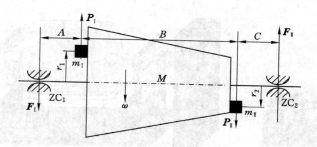

图 2.55　刚性转子的安装方式与参数标注图

表示测量完毕,按停止按钮,电机处于能耗制动,松开停止按钮,电机制动结束。于是,显示屏显示左、右平衡面上应增加的不平衡质量的大小与相位。最后,在天平上称得同等质量的胶泥补充在相应的角度位置上,再启动电机,反复校正,直至最小剩余不平衡度检测量 $e_{\max}$ ≤1 g·mm/kg 为止。

2.6　凸轮机构运动参数测定实验

2.6.1　预备知识

　　凸轮机构是一类由凸轮、从动件和机架所组成的高副机构。凸轮可以是盘形、轴形与锥形,从动件可以是移动的推杆、摆动的摆杆。图 2.56 为常用的偏置直动滚子推杆盘形凸轮机构,图 2.57 为常用对心直动平底推杆盘形凸轮机构。由于凸轮机构几乎可以实现任意的运动规律,所以,它在运动控制与工作阻力相对较小的场合得到了广泛的应用。图 2.58 为内燃机中的配气凸轮机构,其使用了凸轮轴,在高速状态工作;图 2.59 为饮料灌装封口设备中的凸轮机构,其使用了盘形凸轮,在低速状态工作。当凸轮机构工作在高速状态时,从动件的运动规律不再是设计时的运动规律,构件的弹性变形、运动副中的间隙、油膜的状态、外力的变化都对设计的运动规律产生影响。为此,需要对凸轮机构运动参数进行测定。

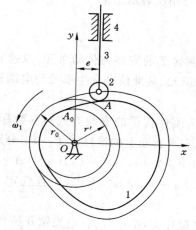

1—凸轮;2—滚子;3—推杆;4—机架。

图 2.56　偏置直动滚子推杆盘形凸轮机构

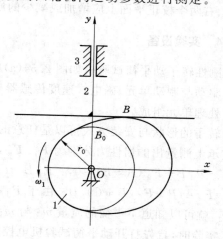

1—凸轮;2—推杆;3—机架。

图 2.57　对心直动平底推杆盘形凸轮机构

图 2.58　内燃机中的配气凸轮机构

图 2.59　饮料灌装封口设备中的凸轮机构

2.6.2　实验目的

（1）通过测试常见凸轮（盘形、圆柱）的运动参数，了解凸轮机构的运动特点；

（2）通过测试几种不同盘形凸轮的运动参数，了解凸轮轮廓对推杆运动规律的影响；

（3）掌握凸轮运动参数测试的原理和计算机辅助测试的方法；

（4）通过实验了解位移、速度与加速度的测定方法；

（5）利用计算机对平面机构动态参数进行采集、处理，作出实测的动态参数曲线，并通过计算机对该平面机构的运动进行数模仿真，作出相应的动态参数曲线，通过比较理论运动线图与实测运动线图的差异，并分析其原因，增加对速度量特别是加速度的感性认识，从而实现理论与实际的紧密结合。

2.6.3　实验方法

仔细阅读实验设备使用说明书（见实验室的投影屏幕上），确定实验内容，检查实验设备。

用抹布将实验台与各个构件清理干净，加少量 N68-48 机油至各运动构件滑动轴承处。

将面板上调速旋钮逆时针旋到底（转速最低），大黑开关打在关的位置。

转动凸轮 1～2 周，检查各运动构件的运行状况，各螺母紧固件应无松动，各运动构件无卡死现象。一切正常后，方可开始运行。

把速度调节旋钮调节到关闭状态，按顺序关闭实验台所有电源，整理好实验台，方便下一组学生实验。

对于组建出的凸轮机构，设备中采用位移传感器检测凸轮从动件的位移，通过 A/D 转换器把信号转化为单片机能识别的数字信号，编码盘与凸轮同轴，每转过一格（2°）使得光电传感器形成一个脉冲信号输入单片机，每一个脉冲单片机采集一次位移量，并且在 LCD 上显示当前位移值。同时根据脉冲的时间间隔来计算速度，且在液晶屏上显示。同时，单片机通过 RS232 接口把这些信息同步地传送给 PC 机。在 PC 机上通过相配套的软件可以记录，显示并保存凸轮转动一周的 180 个位移数据，并且显示位移、角速度、角加速度曲线，根据给定的基圆直径和偏距量绘制凸轮轮廓，从而可以检测实际加工后的凸轮是否与设计要求符合。最后可通过与 PC 机相连的打印机打印检测结果。

2.6.4　实验设备

4 种盘形凸轮,2 种圆柱形凸轮,框架与相关的连接附件,测试系统与打印机。对心直动滚子推杆盘形凸轮机构的安装图如图 2.60 所示,其余的安装图见设备附带的装配图。盘形凸轮机构、圆柱凸轮机构与斜截面圆柱凸轮的主要技术参数见设备附带的说明书。

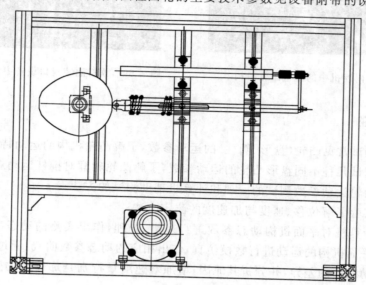

图 2.60　对心直动滚子推杆盘形凸轮机构的安装图

2.7　机构运动方案创新设计实验

机构是构件与运动副的适当组合,机构的功能取决于构件的数量、相对尺寸与形态,运动副的形态、类型与数量,而构件的数量、相对尺寸与形态完全相同,运动副的形态、类型与数量完全相同的机构却具有不同的功能。这就为机构运动方案设计开辟了宽广的空间。

2.7.1　预备知识

规定的运动变换可由多种机构实现,机构运动方案创新设计就是寻找出更好的机构来完成规定的运动变换。

以双叶线生成机构为例,反平行四边形机构可以生成双叶线,如图 2.61 所示,曲柄摇块机构也可以生成双叶线,如图 2.62 所示。

图 2.63 所示为十字导杆形平面四杆桃形曲线生成机构。在 xOy 坐标系中,OP 与 CB 为同一构件,$OC=BP=d$,$OP=\rho$,$OB=d\cos\varphi$,为此,P 点轨迹的极坐标方程为 $\rho=d(1+\cos\varphi)$,P 点的轨迹曲线 β 如图 2.63 所示。这 3 个机构都是平面四杆机构,只是移动副的数量分别为 0、1 与 2。

图 2.64 所示为平面六杆双叶线生成机构。$OA=a$,为双叶线长轴的长度,b 为双叶线短轴的长度,$OB=d$。若取 $d=\sqrt{a^2+b^2}$,$k=d/a>1$,$AP=d\sin\varphi$,$\rho=OP=\sqrt{a^2-d^2\sin^2\varphi}$,当 $k=d/a=\sqrt{2}$ 时,$\rho=a\sqrt{1-2\sin^2\varphi}=a\sqrt{|\cos 2\varphi|}$。

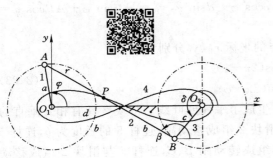
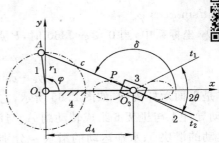

1—正转曲柄;2—连杆;3—反转曲柄;4—机架。

图 2.61　反平行四边形双叶线生成机构

1—曲柄;2—导杆;3—摇块;4—机架。

图 2.62　曲柄摇块双叶线生成机构

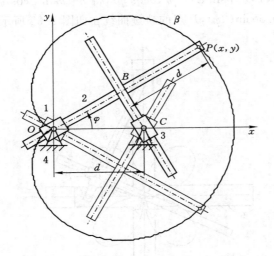

1—主动摇块;2—十字导杆;3—从动摇块;4—机架。

图 2.63　十字导杆形平面四杆桃形曲线生成机构

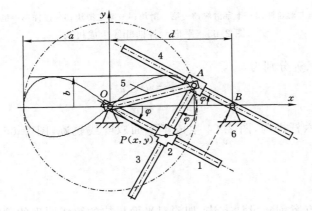

1—主动导杆;2—十字滑块;3—中间导杆;4—从动导杆;5—摇杆;6—机架。

图 2.64　平面六杆双叶线生成机构

A 点的坐标为 $x_A = \rho\cos\varphi + AP\sin\varphi = \rho\cos\varphi + d\sin^2\varphi$，$y_A = -\rho\sin\varphi + AP\cos\varphi = -\rho\sin\varphi + d\sin\varphi\cos\varphi$。

在 xOy 坐标系中，当 $0° \leqslant \varphi < 360°$ 时，P 点的坐标 x_P、y_P 分别为

$$\begin{cases} x_P = \rho\cos(2\pi - \varphi) \\ y_P = \rho\sin(2\pi - \varphi) \end{cases} \tag{2-23}$$

同样是平面六杆机构，如图 2.65 所示，它生成了平面四叶线。滑块 2 具有相互垂直的导槽，主动导杆 1 与机架 6 组成转动副 A、与滑块 2 组成移动副，连杆 5 的长度为 b，连杆 5 与垂直运动的滑块 3、水平运动的滑块 4 分别组成转动副 B、C，连杆 5 与滑块 2 组成移动副。在 xAy 坐标系中，当主动导杆 1 做定轴整周转动时，滑块 4 的水平位移 $AC = b\sin\varphi$，C 点到滑块 2 上 P 点的长度 $PC = AC\sin\varphi = b\sin^2\varphi$，令 $AP = \rho$，$\triangle APC$ 与 $\triangle BAC$ 相似，由 $PC/AC = AP/BA$，即 $b\sin^2\varphi/(b\sin\varphi) = \rho/(b\cos\varphi)$，得 $\rho = b\sin\varphi\cos\varphi$，于是，$P$ 点轨迹的四叶线极坐标方程为 $\rho = 0.5b\sin(2\varphi)$，$P$ 点的轨迹曲线 β 如图 2.65 所示。

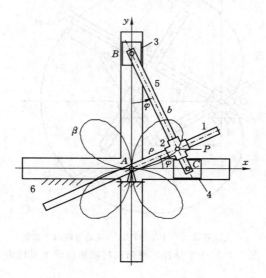

1—主动导杆；2—十字滑块；3—第一滑块；4—第二滑块；5—连杆；6—机架。

图 2.65　平面六杆四叶线生成机构

P 点的坐标 x_P、y_P 分别为

$$\begin{cases} x_P = \rho\cos\varphi \\ y_P = \rho\sin\varphi \end{cases} \tag{2-24}$$

它们都是平面六杆机构，图 2.64 生成了平面双叶线轨迹，图 2.65 生成了平面四叶线轨迹。

2.7.2　实验目的

掌握机构运动方案创新设计方法，加深对平面机构的组成原理的理解；设计组装一个机构运动方案，分析它的工作特点。

2.7.3　实验原理

只要明确了欲设计机构的功能,依据机构是由若干个基本杆组依次连接到原动件和机架上而构成的原理,使用基本元件或模块,就可以组装出可以达到设想功能的机构。

2.7.4　实验设备

ZBS-C 机构运动方案创新设计实验台,如图 2.66 所示。

实验台由机架、杆件、移动副模块、转动副模块等组成。实验台的机架中有 5 根立柱,均可沿 x 方向调整;每根立柱上的每个滑块均可沿 y 方向调整。实验台中的基本组件如表 2.2 所示。

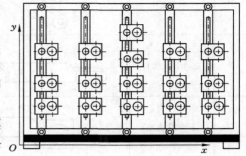

图 2.66　实验台机架图

表 2.2　机构运动创新方案实验台组件表

序号	名　称	图　示	规　格	使用说明
1	凸轮 高副锁紧弹簧		推程 30 mm 回程 30 mm	凸轮推/回程为正弦加速度运动规律
2	齿轮		标准直齿轮 $Z=28$、35、42、56	
3	齿条		标准直齿条	
4	槽轮拨盘			
5	槽轮		四槽轮	
6	主动轴		$L=5$ mm、20 mm、35 mm、50 mm、65 mm	
7	转动副轴 (或滑块)-3		$L=5$ mm、15 mm、30 mm	

表 2.2(续)

序号	名　称	图　示	规　格	使用说明
8	扁头轴		$L=5$ mm、20 mm、35 mm、50 mm、65 mm	
9	主动滑块插件		$L=40$ mm、55 mm	与主动滑块座固连,可组成做直线移动的主动滑块
10	主动滑块座			与直线电机齿条固连
11	连杆(或滑块导向杆)		$L=100$ mm、110 mm、150 mm、160 mm、240 mm、300 mm	
12	压紧连杆用特制垫片		$\phi=6.5$ mm	固定零件用
13	转动副轴(或滑块)-2		$L=5$ mm、20 mm、30 mm	与20号件配用,可与连杆在固定位置形成转动副
14	转动副轴(或滑块)-1			两构件形成转动副时用或作滑块用
15	带垫片螺栓			用于加长转动副或固定轴的轴长
16	压紧螺栓			与转动副轴或固定轴配用,可将连接件固定
17	运动构件层面限位套		$L=5$ mm、15 mm、30 mm、45 mm、60 mm	
18	电机带轮主动轴皮带轮		大孔轴(用于旋转电机)小孔轴(用于主动轴)	
19	盘杆转动轴		$L=20$ mm、35 mm、45 mm	盘类零件与连杆形成转动副时用

表 2.2(续)

序号	名 称	图 示	规 格	使用说明
20	固定转轴块			与13号件配用
21	加长连杆或固定凸轮弹簧用螺栓和螺母		M10	用于两连杆加长时的锁定或固定弹簧
22	曲柄双连杆部件		组件	
23	齿条导向板			
24	转动副轴（或滑块）-4			两构件形成转动副时用或作滑块用
25	安装电机座或行程开关座配内六角螺栓/平垫	标准件	M8×25 $\phi=8$ mm	
26	内六角螺钉	标准件	M6×15	用于将主动滑块座固定在直线电机齿条上
27	内六角紧定螺钉		M6×6	
28	滑块			
29	实验台机架			
30	立柱垫圈		$\phi=9$ mm	

表 2.2(续)

序号	名　称	图　示	规　格	使用说明
31	锁紧滑块方螺母	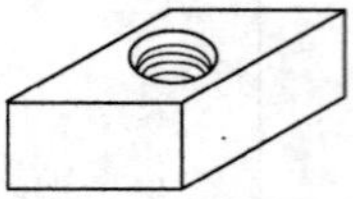	M6	
32	T 形螺母	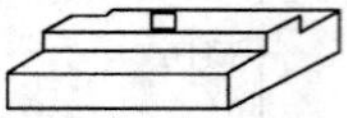		卡在机架长槽内,可轻松用螺栓固定电机座
33	行程开关支座 配内六角 螺栓/平垫	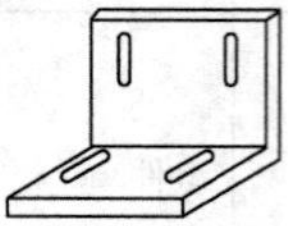	M5×15 $\phi=5$ mm	用于行程开关与其座的连接,行程开关的安装高度可在长孔内调节
34	平垫片 防脱螺母	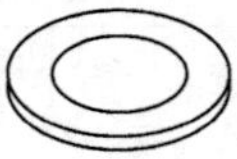 	$\phi=17$ mm M12	使轴相对机架不转动时用,防止轴从机架上脱落
35	旋转电机座	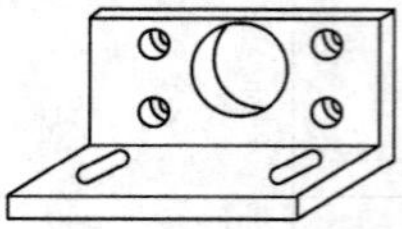		
36	直线电机座	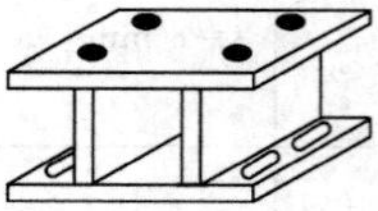		
37	平键		3×15	主动轴与皮带轮的连接
38	直线电机控制器			与行程开关配用,可控制直线电机的往复运动行程
39	皮带	标准件	O 形	
40	直线电机 旋转电机		10 mm/s 10 r/min	配电机行程开关一对

　　工具:一字螺丝刀、十字螺丝刀、扳手、内六角扳手、钢板尺、卷尺等。

　　实验的题目可以自己确定,也可以做报告中给定的题目。首先熟悉以上零部件,然后绘制要做机构的简图,最后进行组装。

2.7.5　构件及运动副搭接简介

　　(1)轴相对机架的拼接

　　按图 2.67 拼接后,轴 6 或轴 8 相对机架做旋转运动。

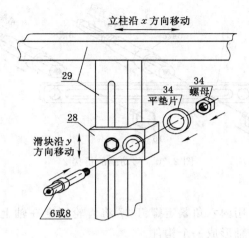

图 2.67 轴相对机架的拼接图

（2）转动副的拼接

按图 2.68 拼接后两连杆做相对转动。

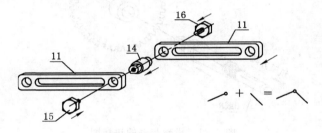

图 2.68 转动副拼接图

（3）移动副的拼接

按图 2.69 拼接后,连杆与转动副做相对直线运动。

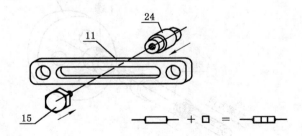

图 2.69 移动副的拼接 1

另一种形成移动副的拼接方式如图 2.70 所示。选用两根轴(轴 6 或轴 8),将轴固定在机架上,然后再将连杆 11 的长槽插入两轴的扁平颈端,旋入带垫片螺栓 15,则连杆相对机架做移动运动。

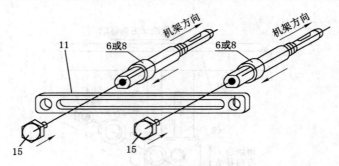

图 2.70　移动副的拼接 2

（4）齿轮与轴的拼接

按图 2.71 拼接好后，用内六角紧定螺钉 27 将齿轮固定在轴上（注意：螺钉应压紧在轴的平面上）。这样，齿轮与轴形成一个构件。

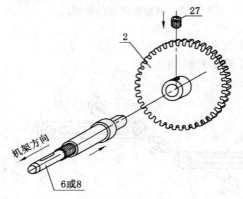

图 2.71　齿轮与轴的拼接图

（5）凸轮与轴的拼接

按图 2.72 拼接好后，凸轮 1 与轴 6 或轴 8 形成一个构件。

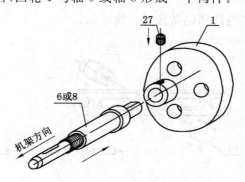

图 2.72　凸轮与轴的拼接

（6）凸轮高副的拼接

凸轮高副的拼接如图 2.73 所示。提示：用于支撑连杆的两轴间的距离应与连杆的移动距离（凸轮的最大升程为 30 mm）相匹配。欲使凸轮相对轴的安装更牢固，还可在轴端的内螺孔中加装压紧螺栓 16。

机械设计实验报告

学　期＿＿＿＿＿＿＿＿＿

班　级＿＿＿＿＿＿＿＿＿

学　校＿＿＿＿＿＿＿＿＿

姓　名＿＿＿＿＿＿＿＿＿

学　号＿＿＿＿＿＿＿＿＿

日　期＿＿＿＿＿＿＿＿＿

学生实验守则

1. 学生应按照课程教学计划，准时上实验课，不得迟到早退。

2. 实验前认真阅读实验指导书，明确实验目的、步骤、原理，预习有关的理论知识，并接受实验教师的提问和检查。

3. 进入实验室必须遵守实验室的规章制度。不得高声喧哗和打闹，不准抽烟，不准吃食，不准随地吐痰和乱丢杂物。

4. 做实验时必须严格遵守仪器设备的操作规程，爱护仪器设备，节约使用材料，服从实验教师和技术人员指导。未经许可不得动用与本实验无关的仪器设备及其他物品。

5. 实验中要细心观察，认真记录各种实验数据。不准敷衍，不准抄袭别组数据，不得擅自离开操作岗位。

6. 实验时必须注意安全，防止人身和设备事故的发生。若出现事故，应立即切断电源，及时向指导教师报告，并保护现场，不得自行处理。

7. 实验完毕，应主动清理实验现场。经指导教师检查仪器设备、工具、材料和实验记录后方可离开。

8. 实验后要认真完成实验报告，包括分析结果、处理数据、绘制曲线及图表。在规定时间内交指导教师批改。

9. 在实验过程中，由于不慎造成仪器设备、器皿、工具损坏者，应写出损坏情况报告，并接受检查，由实验中心领导根据情况进行处理。

10. 凡违反操作规程，擅自动用与本实验无关的仪器设备、私自拆卸仪器而造成事故和损失的，肇事者必须写出书面检查，视情节轻重和认识程度，按章程予以赔偿。

实验一　机械设计认知实验报告

班级＿＿＿＿＿＿＿＿　姓名＿＿＿＿＿＿＿＿　同组人＿＿＿＿＿＿＿＿　日期＿＿＿＿＿＿＿＿

一、实验预习内容

通过浏览教材、在线开放课程或百度搜索平台等,初步了解本课程的研究对象,对螺纹连接、轴毂连接、螺旋传动、带传动、链传动、齿轮传动、蜗杆传动、滑动轴承、滚动轴承、联轴器、离合器、轴等典型零部件结构组成及失效有一个初步的认识。

列举你见到的至少三台机器中典型零部件组成。

指导教师根据学生预习情况是否同意其进行实验　是□否□	指导教师签字:

二、实验过程及实验数据记录

选择一种减速器,描述你看到的至少 10 种零件的结构形状与作用(表 1)。

表 1 零件的结构形状与作用

序号	零件名称	结构形状与作用
(1)		
(2)		
(3)		
(4)		
(5)		
(6)		
(7)		
(8)		
(9)		
(10)		

指导教师对学生实验过程进行确认	指导教师签字:

三、实验分析

1. 减速器中用到的螺纹连接件有哪些？结构上有什么不同？

2. 减速器中用到的齿轮有哪些类型？材料、结构上有什么不同？

3. 减速器中用到的滚动轴承有哪些类型？结构上有什么不同？

4. 减速器中用到的轴的结构是什么形状？为什么要这样设计？

实验成绩评定

	实验预习成绩 （10%）	认知过程成绩 （30%）	实验报告成绩 （60%）	总评成绩 （100%）
成　　绩				
指导教师				

日期：

实验二　LS-1 型螺栓连接特性测定实验报告

班级＿＿＿＿＿＿　姓名＿＿＿＿＿＿　同组人＿＿＿＿＿＿　日期＿＿＿＿＿＿

一、预习报告

1. 实验目的

2. 实验内容

3. 举例说明,在工程中,何种情况下连接螺栓组受倾覆力矩作用?

4. 实验中,螺栓连接的受力和变形是如何测量的? 螺栓受力与其应力、应变有何关系?

指导教师根据学生预习情况是否同意其进行实验　是□否□	指导教师签字:

二、实验过程及实验数据记录

1．实验条件

连接件螺栓材料为 40Cr，弹性模量 $E=206\,000$ N/mm²，螺栓最细直径 $d_1=6$ mm。电阻应变片：$R=120$ Ω，灵敏系数 $K=2.2$。

2．实验数据记录及结果计算

实验数据记录及结果计算如表 2 所示。

表 2　实验数据记录及结果计算

1．螺栓组连接实验数据

	螺栓序号 i	1	2	3	4	5	6	7	8	9	10
应变测量	第一次 ε_{1i}										
	第二次 ε_{2i}										
	第三次 ε_{3i}										
	应变平均值 $\overline{\varepsilon_i}=(\varepsilon_{1i}+\varepsilon_{2i}+\varepsilon_{3i})/3$										
应变与应力计算	螺栓上应变增量 $\overline{\varepsilon_i}-\varepsilon_0$										
	螺栓上应力/(N/mm²) $\overline{\sigma_i}=\overline{\varepsilon_i}\times E$										
	螺栓上拉力 $F\textstyle\sum_i=\overline{\sigma_i}(\pi d_1^2/4)$										

2．螺栓组连接的应变分布图

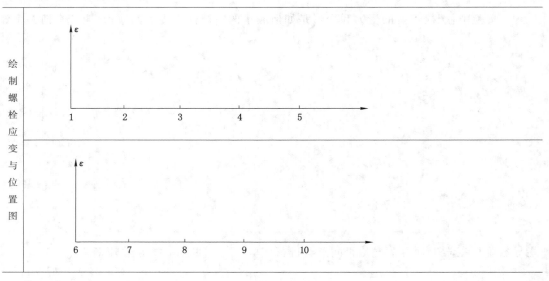

表 2(续)

3. 单个螺栓连接静力实验

垫片材料	铜片	环氧树脂
螺栓上总应变 ε		
螺栓的相对刚度系数		

4. 单个螺栓连接变力测定实验

螺栓应变波形

指导教师对学生实验过程进行确认	指导教师签字:

三、实验结论

1. 根据实验数据分析受倾覆力矩作用的螺栓组受力分布规律。如何改善螺栓组受力？

2. 分析实验数据，说明螺栓变形与被连接件变形的协调关系，理论分析与实验数据是否符合？为什么？

实验成绩评定

	预习成绩 （10%）	操作成绩 （30%）	报告成绩 （60%）	总评成绩 （100%）
成　　绩				
指导教师				

日期：

实验三　LZS 螺栓连接综合实验报告

班级_____ 姓名_____ 同组人_____ 日期_____

一、预习报告

1. 实验目的

2. 实验内容

3. 图 1 中螺栓变形协调关系如何表述？螺栓及被连接件的刚度如何测量？如何计算？

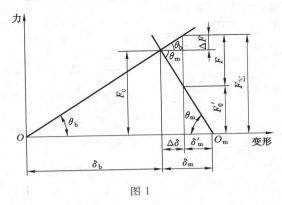

图 1

4. 简述图 2 中如何改变螺栓的相对刚度以提高螺栓的疲劳强度。

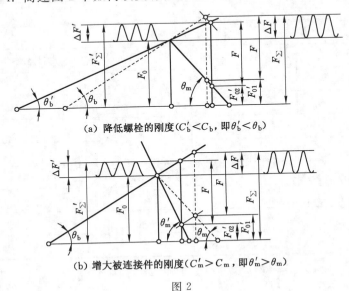

(a) 降低螺栓的刚度($C_b' < C_b$，即 $\theta_b' < \theta_b$)

(b) 增大被连接件的刚度($C_m' > C_m$，即 $\theta_m' > \theta_m$)

图 2

指导教师根据学生预习情况是否同意其进行实验　是□否□	指导教师签字：

二、实验过程及实验数据记录

1. 实验条件

① 连接件螺栓材料为40Cr,弹性模量 $E=206\ 000\ \text{N/mm}^2$,螺栓杆外直径 $d_1=16\ \text{mm}$,螺栓杆内直径 $d_2=8\ \text{mm}$,变形计算长度 $L=160\ \text{mm}$。② 被连接件八角环材料为40Cr,弹性模量 $E=206\ 000\ \text{N/mm}^2$,$L=105\ \text{mm}$。③ 加载挺杆材料为40Cr,弹性模量 $E=206\ 000\ \text{N/mm}^2$,挺杆直径 $d=14\ \text{mm}$,变形计算长度 $L=88\ \text{mm}$。④ 电阻应变片:$R=120\ \Omega$,灵敏系数 $K=2.2$。

2. 实验数据记录及结果计算

实验数据记录及结果计算如表3所示。

表 3 实验数据记录及结果计算

测试参数		空心螺杆＋无锥塞			
		螺栓(拉)	螺栓(扭)	八角环(压)	挺杆(压)
预紧	形变值/μm				
	应变值/$\mu\varepsilon$				
	力/N				
	刚度/(N/mm)				
加载	形变值/μm				
	应变值/$\mu\varepsilon$				
	力/N				
	刚度/(N/mm)				

测试参数		空心螺杆＋有锥塞			
		螺栓(拉)	螺栓(扭)	八角环(压)	挺杆(压)
预紧	形变值/μm				
	应变值/$\mu\varepsilon$				
	力/N				
	刚度/(N/mm)				
加载	形变值/μm				
	应变值/$\mu\varepsilon$				
	力/N				
	刚度/(N/mm)				

指导教师对学生实验过程进行确认	指导教师签字:

三、实验结果与分析

1. 绘制 $F\text{-}\delta$ 变形协调图（用坐标纸作图）

静态螺栓受力变形图及动态螺栓应力分布曲线图如表 4 所示。

表 4 受力变形图及应力分布曲线图

	静态螺栓受力变形图 $F\text{-}\delta$	动态螺栓应力分布曲线图
空心螺杆＋无锥塞		
空心螺杆＋有锥塞		

2. 分析被连接件刚度不同时对螺栓应力幅的影响

被连接件刚度不同时对螺栓应力幅的影响如表 5 所示。

表 5 被连接件刚度不同时对螺栓应力幅的影响

将两个刚度不同的被连接件，在预紧力和工作载荷相同时的 $F\text{-}\delta$ 图画在同一坐标系中，分析比较螺栓及被连接件刚度对螺栓应力幅的影响	

四、实验结论

1. 分析实验数据说明螺栓变形与被连接件变形的协调关系。

2. 根据实验数据分析如何改变螺栓相对刚度能够提高承受动载荷螺栓连接的疲劳强度。

实验成绩评定

	预习成绩 （10%）	操作成绩 （30%）	报告成绩 （60%）	总评成绩 （100%）
成　　绩				
指导教师				

日期：

实验四　带传动的弹性滑动与机械效率测定实验报告

班级_____　姓名_____　同组人_____　日期_____

一、预习报告

1. 实验目的

2. 实验内容

3. 带是如何进行传动的？弹性滑动指的是什么？打滑又指的是什么？如何区分这两个概念？区分它们的原则是什么？

4. 带传动实验中滑动率及效率是如何测量的？写出其计算公式。

5. 你是否知道带传动的弹性滑动曲线？带传动的弹性滑动曲线应该是什么形状？

指导教师根据学生预习情况是否同意其进行实验　　是□否□	指导教师签字：

二、实验过程及实验数据记录

1. 实验条件

CQP-B 型带传动实验台主要参数如下:带轮直径 $D_1 = D_2 = 120$ mm;砝码质量 $0.5 \sim 3$ kg;测力杆力臂长 $L_1 = L_2 = 120$ mm。

2. 实验数据记录及结果计算

（1）初拉力 $F_0 = \underline{\qquad}$ N 的测试数据如表 6 所示。

表 6　测试数据 1

加载次数	测试数据						
	n_1 /(r/min)	n_2 /(r/min)	Δn ($n_1 - n_2$)	T_1 /(N·mm)	T_2 /(N·mm)	ε /%	η /%
空　载							
1							
2							
3							
4							
5							
6							
7							

（2）初拉力 $F_0 = \underline{\qquad}$ N 的测试数据如表 7 所示。

表 7　测试数据 2

加载次数	测试数据						
	n_1 /(r/min)	n_2 /(r/min)	Δn ($n_1 - n_2$)	T_1 /(N·mm)	T_2 /(N·mm)	ε /%	η /%
空　载							
1							
2							
3							
4							
5							
6							
7							

指导教师对学生实验过程进行确认	指导教师签字:

三、实验结果与分析

1. 根据实验数据绘制带传动的滑动率曲线（ε-T_2）与机械效率曲线（η-T_2）。

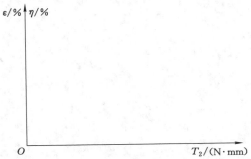

2. 试分析不同的初拉力 F_0 对带传动承载能力的影响。

3. 试分析滑动率曲线、效率曲线与有效拉力的关系。

实验成绩评定

	预习成绩 （10%）	操作成绩 （30%）	报告成绩 （60%）	总评成绩 （100%）
成　　绩				
指导教师				

日期：

实验五　液体动压滑动轴承实验报告

班级＿＿＿＿＿＿　姓名＿＿＿＿＿＿　同组人＿＿＿＿＿＿　日期＿＿＿＿＿＿

一、预习报告

1. 实验目的

2. 实验内容

3. 液体动压径向滑动轴承形成流体动压润滑的三个必要条件是什么？简述径向滑动轴承形成动压油膜的三个阶段(图3)。

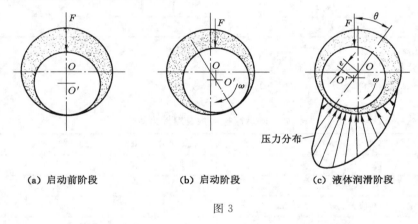

　(a) 启动前阶段　　　　　(b) 启动阶段　　　　　(c) 液体润滑阶段

图 3

4. 液体动压径向滑动轴承的径向、轴向油膜压力分布曲线分别是什么形状？摩擦特性曲线又是什么形状？

指导教师根据学生预习情况是否同意其进行实验　是☐否☐	指导教师签字：

二、实验过程及实验数据记录

1. 实验条件

HS-B 型滑动轴承实验台主要参数如表 8 所示。

表 8　HS-B 型滑动轴承实验台主要参数

机油号	动力黏度 $\eta/\mathrm{Pa\cdot s}$	轴瓦材料	摩擦因数 f	轴颈直径 d/mm	轴瓦长度 B/mm	主轴调速 $n/(\mathrm{r/min})$	室温 $/\mathrm{℃}$
N68	0.34	铸锡铅青铜					18

2. 轴承周向、轴向 8 个点的油膜压力

轴承周向、轴向 8 个点的油膜压力如表 9 所示。

表 9　轴承周向、轴向 8 个点的油膜压力

实验次数	转速 $/(\mathrm{r/min})$	载荷 W/N	径向油膜压力$/(\mathrm{N/mm^2})$							平均值 $p=W/Bd$	轴向油膜压力 $/(\mathrm{N/mm^2})$	
			1	2	3	4	5	6	7		4	8
1	200	700										
2	200	500										

3. 轴承摩擦因数及摩擦力矩

轴承摩擦因数及摩擦力矩如表 10 所示。

表 10　轴承摩擦因数及摩擦力矩

载荷	转速$/(\mathrm{r/mim})$	200	120	50	10	(λ_0)	<6
70 kg	摩擦力 F/N						
	摩擦因数 f						
	特性值 $\lambda=\eta n/p$						
50 kg	摩擦力 F/N						
	摩擦因数 f						
	特性值 $\lambda=\eta n/p$						

指导教师对学生实验过程进行确认	指导教师签字：

三、实验结果与分析

1. 绘制轴承周向油膜压力分布曲线及承载曲线（油膜压力 p_c 平均值）及轴向油膜压力分布曲线。

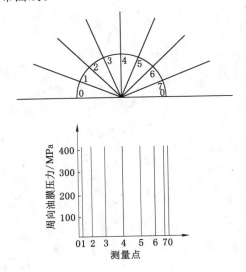

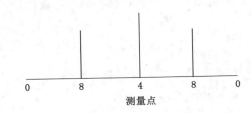

图 4　周向油膜分布曲线及承载曲线　　　　图 5　轴向油膜压力分布曲线

2. 绘制轴承摩擦特性曲线（$f-\lambda$ 曲线）

在同一坐标系下，分别绘制第一次加载载荷 $F=70$ kg 及第二次加载载荷 $F=50$ kg 的摩擦特性曲线（$f-\lambda$）。实验时，将轴颈转速从 200 r/mim 分六次下降到 6 r/mim 左右，使油膜指示灯完全发亮完成测试（轴颈转速第五次下降时，油膜指示灯应该闪烁，以此作为判断临界点 λ_0 的标志）。

四、实验结论

1. 动压滑动轴承的油膜压力大小与实验中哪些因素有关?

2. 分析加载载荷对最小油膜厚度的影响。

3. 分析转速、载荷对轴承特性系数的影响。根据实验数据说明在液体润滑状态下,轴承转速减少或载荷增大对其摩擦因数的影响。

实验成绩评定

	预习成绩 （10%）	操作成绩 （30%）	报告成绩 （60%）	总评成绩 （100%）
成　　绩				
指导教师				

日期：

实验六　机械传动性能测试实验报告

班级_____　姓名_____　同组人_____　日期_____

一、预习报告

1. 实验目的

2. 实验内容

3. 绘出本实验台的工作原理图

4. 根据机械的功能要求,常常采用不止一种的传动组成传动链来完成运动形式、参数、力矩、转矩大小的改变。在传动链中如何布置各种传动形式是传动链总体设计的首要问题。请简述传动顺序的合理安排原则。

指导教师根据学生预习情况是否同意其进行实验　是□否□	指导教师签字:

二、实验方案

画出传动方式布局图。

三、实验结果及分析

1. 列出测试数据表(表格自行设计),粘贴或作出参数曲线。

2. 对实验结果进行分析。对于实验 A,重点分析机械传动装置传递运动的平稳性和传递动力的效率;对于实验 B,重点分析不同的布置方案对传动性能的影响。

指导教师对学生实验过程进行确认	指导教师签字:

四、思考题

1. 除实验中所做的传动形式外,还有哪些组合传动布置形式可以利用该实验台进行实验？

2. 实验中使用了哪些传感器？

五、实验体会

实验成绩评定

	预习成绩 （10％）	操作成绩 （30％）	报告成绩 （60％）	总评成绩 （100％）
成　　绩				
指导教师				

日期：

实验七　减速器的拆装与分析实验报告

班级_____　姓名_____　同组人_____　日期_____

一、预习报告

1. 实验目的

2. 实验内容

3. 根据传动布置形式,减速器有哪些形式?

4. 齿轮副齿侧间隙与接触精度如何影响齿轮工作? 如何检测齿侧间隙与接触精度?

指导教师根据学生预习情况是否同意其进行实验　是□否□	指导教师签字:

二、实验过程及内容

1. 绘制减速器结构简图。

2. 选择填写减速器主要参数。

表 11　减速器主要参数

名称	符号	高速级	低速级	名称	符号	
中心距	a			蜗杆头数	Z_1	
模数	m			蜗轮齿数	Z_2	
压力角	α			蜗杆特性系数	q	
螺旋角	β			蜗轮蜗杆传动比	i	
齿轮齿数	Z_1			蜗轮蜗杆中心距	a	
	Z_2			锥齿轮齿数	Z_1	
分度圆直径	d_1				Z_2	
	d_2			锥齿轮节锥距	R	
变位系数	x_1			锥齿轮传动比	i	
	x_2			总传动比	i_Σ	
精度等级	高速级齿轮					
	低速级齿轮					
齿轮副侧隙	高速级 j_n			设计中规定的 齿轮副侧隙	高速级 j_n	
	低速级 j_n				低速级 j_n	
接触斑点	齿长方向/%			齿高方向/%		

指导教师对学生实验过程进行确认	指导教师签字:

三、实验结果的讨论

1. 在拆装减速器过程中,你遇到哪些问题? 是如何解决的?

2. 如何调整齿轮副齿侧间隙与接触精度?

3. 简述箱体附件(如通气器、油标、油塞、启盖螺钉、定位销等)的结构特点和作用、位置要求。

实验成绩评定

	预习成绩 (10%)	操作成绩 (30%)	报告成绩 (60%)	总评成绩 (100%)
成　绩				
指导教师				

日期:

实验八 组合式轴系结构设计与分析实验报告

班级_____ 姓名_____ 同组人_____ 日期_____

一、预习报告

1. 实验目的

2. 实验内容

3. 实验步骤

指导教师根据学生预习情况是否同意其进行实验　是□否□	指导教师签字：

二、实验过程及内容

1. 实验设计条件

实验设计条件如表 12 所示。

表 12　实验设计条件

实验方案号	齿轮类型	载荷	转速	其他条件
轴系示意图				

2. 根据设计条件组装轴系结构实验装置并现场考察是否满足设计要求。

3. 绘制轴系结构设计装配草图(1∶1 比例),并注意以下几点:

(1)设计应满足轴的结构设计、轴承组合设计的基本要求,如轴上零件的固定、定位、装拆,轴承间隙的调整、密封,轴的结构工艺性等(暂不考虑润滑问题);

(2)标出每段轴的直径和长度,其余零件的尺寸可不标注。

指导教师对学生实验过程进行确认	指导教师签字:

三、实验结果的讨论

1. 根据实验方案规定的设计条件写出需要哪些轴上零件,并说明图 6 中轴上零件的定位固定方式及滚动轴承的安装、调整、润滑与密封等方法。

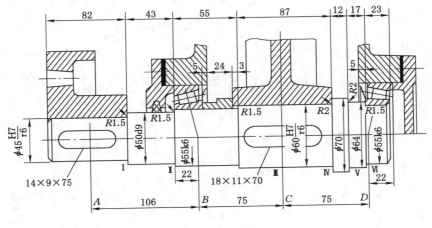

图 6 轴系部件

2. 对于最常见的两支点轴系,轴承的组合设计有哪几种形式?各有何特点?各适用于何种情况?

实验成绩评定

	预习成绩 (10%)	操作成绩 (30%)	报告成绩 (60%)	总评成绩 (100%)
成　　绩				
指导教师				

日期:

实验九 机械系统创新组合搭接综合实验报告

班级_____ 姓名_____ 同组人_____ 日期_____

一、预习报告

1. 实验目的

2. 实验内容

3. 常见机械传动类型各有何特点？在组合机械传动系统时,应如何合理考虑？

指导教师根据学生预习情况是否同意其进行实验　是□否□	指导教师签字:

二、实验过程及内容

1. 绘制组合机械系统传动示意图。

2. 粘贴组装后的机械系统照片。

3. 实验数据

实验数据如表 13 所示。

表 13 实 验 数 据

电机功率:　　　　　电机转速:　　　　　负载:　　　　　噪音:　　　　　带的张力:

名称	理论数据			测量数据			误差		
	传动比 i	转速 /(r/min)	转矩 /(N·mm)	传动比 i	转速 /(r/min)	转矩 /(N·mm)	传动比 i	转速 /(r/min)	转矩 /(N·mm)
电机轴									
联轴器									
第一轴									
……									

指导教师对学生实验过程进行确认	指导教师签字:

三、实验结果的讨论

1. 根据实验方案说明实验操作时是如何进行轴系两轴相对位置安装及校准的。

2. 根据实验方案说明实验操作时是如何进行带的张紧力调整、链条垂度调整、齿侧间隙测量和调整的。

3. 实验过程中,是如何根据机械系统的振动情况调整安装的?

实验成绩评定

	预习成绩 （10％）	操作成绩 （30％）	报告成绩 （60％）	总评成绩 （100％）
成　　绩				
指导教师				

日期：

实验十　压力机虚拟样机仿真实验报告

班级＿＿＿＿＿＿　姓名＿＿＿＿＿＿　同组人＿＿＿＿＿＿　日期＿＿＿＿＿＿

一、预习报告

1. 实验目的

2. 实验内容

3. 熟悉 SolidWorks 系统功能及操作,简述机构仿真过程。

指导教师根据学生预习情况是否同意其进行实验　是□否□	指导教师签字:

二、实验过程及内容

1. 扫描二维码,调用教材提供的样机虚拟模型,修改样机运动参数,绘制待仿真样机的机构运动简图及标出主参数。

2. 建立虚拟仿真样机(粘贴截屏)。

3. 绘制虚拟仿真样机输出构件的速度和加速度运动曲线(粘贴截屏)。

指导教师对学生实验过程进行确认	指导教师签字:

三、实验结果的讨论

1. 建立虚拟样机装配体时,在插入零件的顺序上有没有要求?为什么?

2. 通过 SolidWorks 仿真得到的输出构件速度和加速度数据与理论分析的数据存在哪些差异?试分析原因。

3. 试说明样机建模对后面样机仿真的重要性。如何保证建模的正确性?

实验成绩评定

	预习成绩 (10%)	操作成绩 (30%)	报告成绩 (60%)	总评成绩 (100%)
成　绩				
指导教师				

日期:

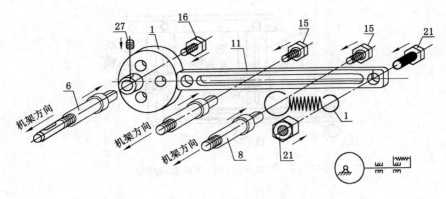

图 2.73 凸轮高副的拼接

（7）槽轮副的拼接

槽轮副的拼接如图 2.74 所示。

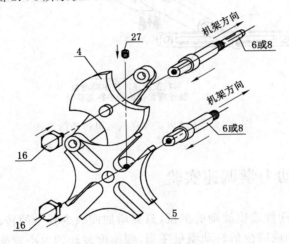

图 2.74 槽轮副的拼接

（8）滑块导向杆相对机架的拼接

如图 2.75 所示，将轴 6 或轴 8 插入滑块 28 的轴孔中，用平垫片、防脱螺母 34 将轴 6 或轴 8 固定在机架 29 上，并使轴颈平面平行于直线电机齿条的运动平面；将滑块导向杆 11 通过压紧螺栓 16 固定在轴 6 或轴 8 的轴颈上。这样，滑块导向杆 11 与机架 29 成为一个构件。

（9）主动滑块与直线电机齿条的拼接

输入主动运动为直线运动的构件称为主动滑块。主动滑块与直线电机齿条的拼接如图 2.76 所示。

2.7.6 实验步骤

（1）掌握实验原理，熟悉实验设备的硬件组成及零件功用。

（2）自拟机构运动方案或选择实验指导书中提供的机构运动方案作为拼接实验题目。

（3）正确拼装杆组，将杆组按运动的传递顺序依次接到原动件和机架上。

（4）完成实验报告。

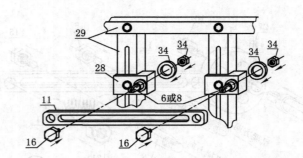

图 2.75　滑块导向杆相对机架的拼接

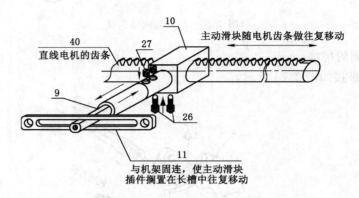

图 2.76　主动滑块与直线电机齿条的拼接

2.8　机械系统动力学调速实验

对于单自由度周期性速度波动的机械，只要增加或减少其中的转动惯量，速度波动的大小就随之变化，若增加或减少的转动惯量适当，则速度波动的大小就能满足工作需要。机械系统动力学调速实验通过对机械的测试与软件分析的方法，展示机械的速度波动与飞轮的调速效果。

2.8.1　预备知识

由于工作原理引起的速度波动（如图 2.77 所示的柴油机）及由于负载的变化引起的速度波动（如图 2.78 所示的反击式破碎机）等，都需要对机械系统进行动力学调速。当负载的波动不超过动力机的最大输出能力时，可以采用飞轮调速；当负载相对较小时，可以提高机器的工作转速。

机械系统动力学调速实验就是查明机器的真实速度以及人为地改变输入转速，看其他输出的变化情况。

2.8.2　实验目的

（1）了解机械系统稳定运转时速度出现周期性波动的原因。

（2）掌握利用飞轮进行速度波动调节的原理和方法。

图 2.77 柴油机

图 2.78 反击式破碎机

（3）进行实验结果与理论数据的比较，分析误差产生的原因。

2.8.3 实验原理

对于自由度等于 1 的任何机器，只要引入等效构件、等效转动惯量 J_{e1} 与等效力矩 M_{e1} 的概念，那么，描述机械中一个构件的运动规律的方程就是 $0.5\omega_1^2(\mathrm{d}J_{e1}/\mathrm{d}\varphi_1) + J_{e1}(\mathrm{d}\omega_1/\mathrm{d}t) = M_{e1}$，其中 φ_1、ω_1 分别为等效构件的角位移与角速度。由于等效力矩 M_{e1} 常常表现为机构位置与速度的函数，等效转动惯量 J_{e1} 常常表现为机构位置的函数，所以，等效构件常常作变速运转，只要机械的速度不是一直增大或一直减小，那么，总可以在机械中通过增加飞轮转动惯量 J_F 的办法来减小速度波动。速度波动的定义为 $\delta = (\omega_{max} - \omega_{min})/\omega_m$，限定速度波动的公式为 $\delta = \Delta W_{max}/[\omega_{1m}^2(J_{e1} + J_F)]$，$\Delta W_{max}$ 表示外力作用在机械上机械功变化的最大值，ω_{1m} 表示等效构件角速度的期望值（平均值）。通过增加或减少飞轮转动惯量 J_F，可以看到等效构件角速度的变化，从而实现通过飞轮调速的目的。

2.8.4 实验设备

实验设备示意图如图 2.79 所示。电动机的功率 $P = 0 \sim 90$ W，特性系数 $G = 9.724$ (r/min)/(N·m)。曲柄滑块机构的基本参数如下：曲柄的杆长 $a = 0.050$ m，关于转动中心的转动惯量 $J_A = 0.000\,142$ kg·m²；连杆的杆长 $b = 0.180$ m，质量 $m_2 = 0.579$ kg，质心到 B 点的距离 $L_B = 0.045$ m，关于质心的转动惯量 $J_2 = 0.000\,81$ kg·m²；滑块的偏心距 $e = 0.02$ m，质量 $m_3 = 0.335$ kg。弹簧的原始参数如下：弹簧刚度 $k = 1\,100$ N/m，弹簧初压量 $L = 0.01$ m。

自身飞轮的转动惯量为 $J_{F1} = 0.006\,57$ kg·m²，两个外加飞轮的转动惯量分别为 $J_{F2} = 0.014\,26$ kg·m²，$J_{F3} = 0.025\,82$ kg·m²。

2.8.5 实验步骤

（1）双击软件系统"速度波动调节"图标进入主界面，单击左键，进入原始参数输入界面。

（2）启动实验台电动机，待曲柄滑块机构运转平稳后，测定电动机的功率，填入参数输入界面的对应参数框内。

（3）在曲柄滑块机构原始参数输入界面左下方单击"速度实例"键，进入曲柄滑块机构

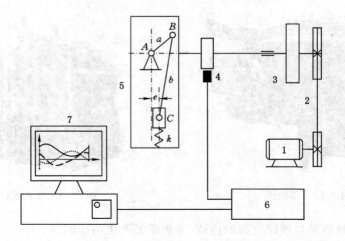

1—电动机;2—带传动;3—飞轮;4—光电传感器;5—曲柄滑块机构;6—测控板;7—计算机。

图 2.79　机械系统动力学调速测试实验设备示意图

的曲柄运动仿真与测试分析界面。

（4）在界面的左下方单击"等效力矩"键,"等效力矩"键变为"速度仿真"状态,动态显示曲柄滑块机构的位置及关于曲柄的等效驱动力矩、等效阻力矩线图;单击"速度仿真"键,"速度仿真"键变为"等效力矩"状态,动态显示曲柄滑块机构的位置、曲柄的瞬时角速度与瞬时角加速度曲线图;单击"速度实测"键,进行数据采集和传输,显示曲柄实测的角速度、角加速度曲线图。

（5）如果要打印仿真的等效驱动力矩曲线、等效阻力矩曲线、角速度曲线、角加速度曲线以及实测的角速度曲线、角加速度曲线,则单击"打印"键,打印机自动打印。

（6）在曲柄轴上不加飞轮、加上飞轮 1、飞轮 2 分别进行测试;记录三次实验测试运动曲线。

2.9　机构运动仿真虚拟设计实验

虚拟实验在因素完全可控对象的客观规律的寻找与再现、机械参数的数值求解与表达上表现出实实在在的优越性,虚拟化、参数化与可视化为机械设计提供了快速、廉价与优化的解决方案,正在得到广泛的应用。

2.9.1　预备知识

当机器已经设计出来,所有构件的尺寸、质量与转动惯量都已知,可以采用软件的方法研究机器的"真实"运动（忽略运动副间隙中的油膜效应）,其真实性是较高的。

2.9.2　实验目的

（1）了解利用 ADAMS 软件进行机构运动学仿真分析的方法。

（2）初步掌握运用 ADAMS 进行机构参数化建模的方法。

（3）初步掌握运用 ADAMS 添加运动约束、运动驱动等,能对被仿真机构的运动学参数进行测量并绘制曲线。

2.9.3 实验内容

（1）基于 ADAMS 建立如图 2.80 所示冲压机参数化模型。

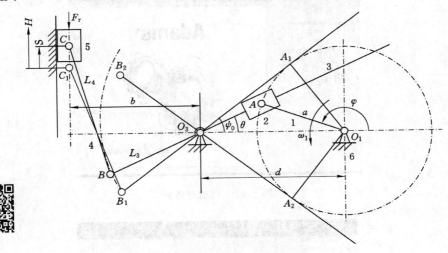

图 2.80　基于平面六杆机构的冲压机简图

（2）基于 ADAMS 模拟冲压机运行状况，分析其运动学性能。

2.9.4　实验参数

冲压机的机构简图如图 2.80 所示。设滑块 5 的质量为 m_5，行程为 H，关于下极限位置的位移为 S，工作阻力为 F_r，连杆 4 的杆长为 L_4，摆杆 3 关于 O_3 点的转动惯量为 J_3，令 O_3B 的杆长 $L_3 = kb$，摆杆 3 的半摆角 $\phi_0 = \arctan(0.5H / \sqrt{L_3^2 - 0.25H^2}) = \arctan(a / \sqrt{d^2 - a^2})$，滑块 2 的质量为 m_2，曲柄 1 的杆长 $a = d \sin \phi_0$，关于 O_1 点的转动惯量为 J_1，角速度为 ω_1。该机构的实验参数如表 2.3 所示。

表 2.3　冲压机机构的实验参数

组号	b /m	H /m	L_4 /m	d /m	m_2 /kg	m_5 /kg	J_1 /(kg·m²)	J_3 /(kg·m²)	ω_1 /(rad/s)	k	$[\delta]$
1	0.185	0.25	0.155	0.615	90H	800H	0.08H	0.315H	25	1.15	0.02
2	0.285	0.35	0.258	0.785	85H	750H	0.07H	0.3H	28	1.0	0.02
3	0.38	0.45	0.325	1.105	78H	700H	0.065H	0.28H	34	0.95	0.02
4	0.42	0.48	0.42	1.35	65H	650H	0.06H	0.26H	40	0.85	0.02
5	0.52	0.58	0.51	1.45	50H	600H	0.055H	0.21H	45	0.75	0.02

当 $v_5 \geqslant 0$ 时，$F_r = 3\,500$ N；当 $v_5 < 0$ 时，$F_r = 0$

2.9.5　实验步骤

2.9.5.1　设置工作环境

启动 ADAMS/View，出现启动对话框，如图 2.81 所示，选择【New Model】，进入创建新模型对话框,如图 2.82 所示,输入机构模型名称 sixbarlinkage,单击【OK】,进入 ADAMS/View 主界面,如图 2.83 所示。可先设置工作环境,方法及步骤如下。

图 2.81　启动对话框

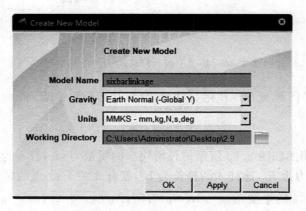

图 2.82　创建新模型对话框

（1）设置经典界面:在主菜单中选择【Settings】→【Interface Style】→【Classic】,设置成功后如图 2.83 所示。

图 2.83　ADAMS/View 主界面

（2）设置单位:在主菜单中选择【Settings】→【Units】,出现 Units Settings 对话框,如图 2.84 所示,选择【MMKS】按钮,单击【OK】;或在创建新模型对话框中设置单位也可,如

图 2.82 所示。

（3）设置栅格：在主菜单中选择【Settings】→【Working Grid】，出现 Working Grid Settings 对话框。设置栅格的 Size 中 X 为 1 000 mm，将格距 Spacing 设置为 100 mm，单击【OK】，如图 2.85 所示。在主工具箱中单击图标 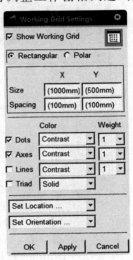 ，可实时调整工作栅格到适当大小。

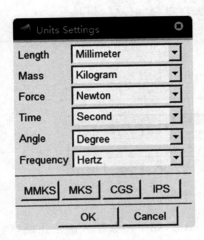

图 2.84 Units Settings 对话框

图 2.85 Working Grid Settings 对话框

2.9.5.2 建立冲压机机构参数化模型

（1）建立设计变量

① 在主菜单【Build】中，选择【Design Variable】→【New】。

② 在 Create Design Variable... 对话框中输入变量名，如 LEN_b，如图 2.86 所示。

③ 在 Standard Value 文本框中输入 185，单击【Apply】。

④ 建立构件 2 质量的设计变量时，在 Create Design Variable... 对话框中的 Name 文本框中输入变量名 MAS_m2，在 Standard Value 文本框中单击鼠标右键，选择【Parameterize】→【Expression Build】，出现 Function Builder 对话框，如图 2.87 所示。

⑤ 在 Function Builder 对话框的函数输入区，输入其参变量 LEN_H * 90；或在函数输入区中输入已有的参数量时，选择对话框右下方的【Getting Object Data】→【Design Variable】，在对应【Design Variable】

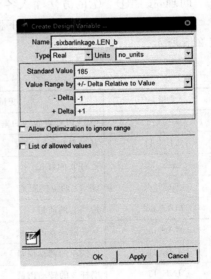

图 2.86 Create Design Variable... 对话框

的右侧可写变量的图框中，右击鼠标，在弹出的对话框中选择【Variable】→【Browse】，再在弹出的对话框中选中 LEN_H，双击该变量，则该变量在 Design Variable 的右侧可写变量的图框中显示，如图 2.87 所示；再单击该对话框右下方的【Insert Object Name】按钮，则将刚选中的参数量插入到 Function Builder 对话框的函数输入区中相应的位置上。凡遇到要输入已有变量时,都可按相同的方法操作。

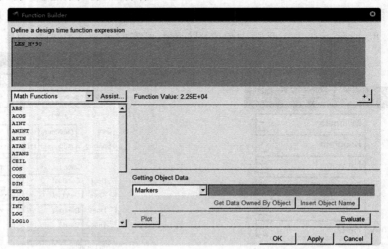

图 2.87　Function Builder 对话框

⑥ 单击 Function Builder 对话框右下角的【Evaluate】,如果函数输入语法正确,则会在 Function Value 处给出结果,如图 2.87 所示。

⑦ 单击 Function Builder 对话框中【OK】,然后在 Create Design Variable... 对话框中单击【Apply】按钮,则完成 MAS_m2 的建立。

同理,按照①—⑦的方法输入各个已知参数,可得实验设计初始参数表,如表 2.4 所示。

⑧ 如图 2.80 所示,滑块位于下极限位置时,A_1、O_3、B_1、C_1 点的坐标值及其设计变量如表 2.5 所示。

表 2.4　冲压机机构的设计初始参数

变量名	变量说明	实验参数值
LEN_b	O_3 点到 C 点轨迹的垂直距离	185
LEN_H	从动滑块 5 的行程	250
LEN_L4	连杆 4 的杆长	155
LEN_d	O_1、O_3 两点间距离	615
MAS_m2	滑块 2 的质量	$90H$
MAS_m5	从动滑块 5 的质量	$800H$
INE_J1	曲柄 1 的转动惯量	$0.08H$
INE_J3	摆杆 3 的转动惯量	$0.315H$
VEL_OMG1	曲柄 1 的角速度	25
COE_k	系数 k	1.15
COE_DET	许用速度运转不均匀系数	0.02
FOR_Fr	工作阻力	3 500

表 2.4(续)

变量名	变量说明	实验参数值
LEN_L3	摆杆 3 的杆长	kb
ANG_PSI	摆杆 3 的半摆角	$\varphi_0 = \arctan(0.5H/\sqrt{L_3^2 - 0.25H^2})$
LEN_a	曲柄 1 的杆长	$a = d\sin\varphi_0$

表 2.5　滑块位于下极限位置时的设计变量表

变量名	数学表达式
POI_A1_X	$-$LEN_a * SIN(ANG_PSI)
POI_A1_Y	LEN_a * COS(ANG_PSI)
POI_O3_X	$-$ LEN_d
POI_O3_Y	0
POI_B1_X	POI_O3_X$-$ LEN_L3 * COS(ANG_PSI)
POI_B1_Y	$-$ LEN_L3 * SIN(ANG_PSI)
POI_C1_X	POI_O3_X$-$ LEN_b
POI_C1_Y	SQRT(LEN_L4^2$-$(LEN_b$-$LEN_L3 * COS(ANG_PSI))^2)$-$ LEN_L3 * SIN(ANG_PSI)

⑨ 从 Tools 菜单中选择【Table Editor...】选项,出现 Table Editor... 对话框,选择该对话框底部【Variables】单选按钮,可显示出各个变量,如图 2.88 所示。

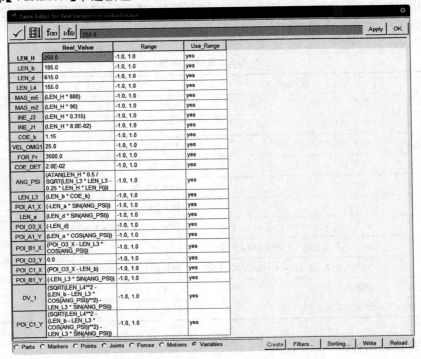

图 2.88　Table Editor... 对话框

（2）建立设计点

① 在主菜单【Build】中，选择【Bodies/Geometry...】，出现如图 2.89 所示工具箱，单击图标 ；或右击主工具箱 右下角的小三角，则出现如图 2.90 所示子工具箱，单击图标 。

图 2.89　工具箱选择界面

图 2.90　子工具箱选择界面

② 选择对话框底部的【Add to Ground】和【Don't Attach】命令。

③ 单击【Point Table】按钮。

④ 在出现的 Table Editor for Points 对话框中，单击【Create】，出现一个新的表格，在表中输入相应的值，按表 2.6 建立设计点。

表 2.6　设计点赋值

设计点	Loc_X	Loc_Y	Loc_Z
POINT_1	0.0	0.0	20
POINT_2	POI_A1_X	POI_A1_Y	20
POINT_3	POI_O3_X	POI_O3_Y	0
POINT_4	POI_B1_X	POI_B1_Y	0
POINT_5	POI_C1_X	POI_C1_Y	0
POINT_6	POI_A1_X	POI_A1_Y	0
POINT_7	POI_A1_X+25 * COS(ANG_PSI)	POI_A1_Y+25 * SIN(ANG_PSI)	0
POINT_8	POI_A1_X−25 * COS(ANG_PSI)	POI_A1_Y−25 * SIN(ANG_PSI)	0
POINT_9	POI_O3_X+1000 * COS(ANG_PSI)	POI_O3_Y+1000 * SIN(ANG_PSI)	0
POINT_10	POI_C1_X−20	POI_C1_Y+15	0
POINT_11	POI_C1_X+20	POI_C1_Y−15	0

（3）创建运动构件

① 创建滑块 2

a. 在【Build】菜单中选择【Bodies/Geometry...】,出现如图 2.89 所示工具箱,单击图标 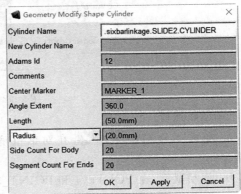 。

b. 在对话框底部选择【New Part】,其余两个对话框不选,拖动鼠标,在 POINT_7 和 POINT_8 之间建立圆柱体。

c. 将 PRAT_2 改名为 SLIDE2,将 CYLINDER_6 改名为 CYLINDER。

d. 移动鼠标至 SLIDE2 并单击鼠标右键,选择【Cylinder:CYLINDER】→【modify】,出现 Geometry Modify Shape Cylinder 对话框,修改半径为 20.0 mm,如图 2.91 所示。

e. 单击工具箱中图标,在对话框底部选择【New Part】,Length、Width 和 Depth 不选。

f. 拖动鼠标,在 POINT_4 和 POINT_9 之间建立连杆体。

g. 将 PRAT_3 改名为 CUTTER,将 LINK_7 改名为 LINK。

h. 移动鼠标至 CUTTER 并单击鼠标右键,选择【LINK:LINK】→【modify】,出现 Geometry Modify Shape LINK 对话框,分别修改宽度和厚度为 20.0 mm。

图 2.91　创建滑块 2

i. 在 Geometric Modeling 子工具箱中单击图标,选择要被剪切的实体 SLIDE2_ CYLINDER,再选择剪切实体 CUTTER_LINK,可完成滑块 2 的创建。

② 创建摆杆

a. 单击工具箱中图标,在对话框底部选择【New Part】,Length、Width 和 Depth 不选。

b. 拖动鼠标,在 POINT_4 和 POINT_9 之间建立连杆体。

c. 将 PRAT_3 改名为 ROCKER,将 LINK_12 改名为 LINK。

d. 移动鼠标至 ROCKER 并单击鼠标右键,选择【LINK:LINK】→【modify】,出现 Geometry Modify Shape LINK 对话框,分别修改宽度和厚度为 20.0 mm。

③ 创建曲柄

a. 单击工具箱中图标,在对话框底部选择【New Part】,Length、Width 和 Depth 不选。

b. 拖动鼠标,在 POINT_1 和 POINT_2 之间建立连杆体。

c. 将 PRAT_4 改名为 CRANK,将 LINK_13 改名为 LINK。

d. 移动鼠标至 CRANK 并单击鼠标右键,选择【LINK:LINK】→【modify】,出现 Geometry Modify Shape LINK 对话框,分别修改宽度和厚度为 20.0 mm。

④ 创建滑块 5

a. 单击工具箱中图标,在对话框底部选择【New Part】,Length、Width 和 Depth 不选。

b. 拖动鼠标,在 POINT_10 和 POINT_11 之间建立立方体。

c. 将 PRAT_5 改名为 SLIDE5,将 BOX_14 改名为 BOX。

d. 移动鼠标至 SLIDE5 并单击鼠标右键,选择【BLOCK：BOX】→【modify】,出现 Geometry Modify Shape Block 对话框,修改厚度为－20.0 mm,如图 2.92 所示。

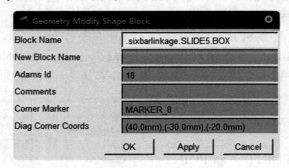

图 2.92　创建滑块 5

⑤ 创建连杆

a. 单击工具箱中图标![], 在对话框底部选择【New Part】,Length、Width 和 Depth 不选。

b. 拖动鼠标,在 POINT_4 和 POINT_5 之间建立连杆体。

c. 将 PRAT_6 改名为 COUPLE,将 LINK_16 改名为 LINK。

d. 移动鼠标至 COUPLE 并单击鼠标右键,选择【LINK：LINK】→【modify】,出现 Geometry Modify Shape LINK 对话框,分别修改宽度和厚度为 20.0 mm。

（4）创建运动副

① 建立回转副

a. 在【Build 】菜单中,选择【Joints】,则出现 Joints 对话框,如图 2.93 所示。或在主工具箱下 Joints 对话框中单击图标![],如图 2.94 所示。

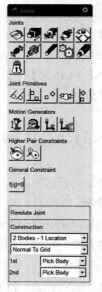

图 2.93　Joints 对话框

图 2.94　主工具箱下 Joints 对话框

b. 在子工具箱底部【Construction】中选择【2 Bodies-1 Location】和【Normal To Grid】，然后单击 POINT_1，则建立固定铰链 JOINT_1。

c. 在子工具箱底部【Construction】中选择【2 Bodies-1 Location】和【Normal To Grid】，然后单击 ROCKER 和 GROUND，再单击 POINT_3，则建立固定铰链 JOINT_2。

d. 同理，可在 POINT_2、POINT_4、POINT_5 分别建立曲柄与滑块 2、摆杆与连杆、连杆与滑块 5 之间的动铰链 JOINT_3、JOINT_4 和 JOINT_5。

② 建立移动副

a. 单击子工具箱 Joints 中图标 。

b. 在子工具箱底部【Construction】中选择【2 Bodies-1 Location】和【Pick Feature】。

c. 选择形成移动副的两构件：滑块 SLIDE2 和摆杆 ROCKER。

d. 右击选择滑块 SLIDE2 上的标记 SLIDE2.cm 作为移动副的位置，拖动鼠标单击点 POINT_2，确定方向，则在滑块 SLIDE2 和摆杆 ROCKER 之间建立移动副 JOINT_6。

e. 重复步骤 a—b，选择形成移动副的两构件：滑块 SLIDE5 和机架 GROUND。

f. 右击选择滑块 SLIDE5 上的标记 SLIDE5.cm 作为移动副的位置，拖动鼠标使箭头方向垂直，确定方向，则在滑块 SLIDE5 和机架 GROUND 之间建立移动副 JOINT_7。

（5）施加运动驱动

① 在【Build】菜单中，选择【Joints】，单击 Joints 对话框中图标 。

② 根据实验已知条件，单击 JOINT_1 作为运动驱动。

③ 若使驱动按照给定的初始转速运动，需要修改驱动。将鼠标放在驱动处，右击鼠标，选择【Motion_1】→【Modify】。

④ 在弹出的施加驱动 Joint Motion 对话框中，在 Function(time)处输入 VEL_OMG1 * 180/PI * 10d * time/10，如图 2.95 所示。

⑤ 也可在 Function(time)处右击鼠标，选择【Function Builder...】，在 Function Builder...对话框中，将缺省值 30.0d * time 改为 VEL_OMG1 * 180/PI * 10d * time/10，进行同样的赋值。

⑥ 单击 Joint Motion 对话框中的【Apply】。

（6）机构仿真

① 在主菜单中选择【Simulate】→【Simulate Control】，弹出 Simulate Control 对话框，如图 2.96 所示。

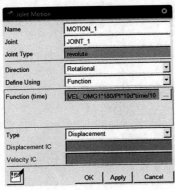

图 2.95　Joint Motion 对话框

图 2.96　Simulate Control 对话框

② 在对话框中,缺省的仿真时间 End Time 为 5.0 s,若使机构完整运动一周,可根据运转速度修改仿真时间。将鼠标置于 End Time 设置栏中,单击鼠标右键,选择【Parameterize】→【Expression Build】,弹出 Function Builder... 对话框,将缺省值 5.0 改为 (2 * pi/VEL_OMG1),如图 2.96 所示。

③ 单击 ▶ ,如机构建立正确,则该机构如图 2.97 所示,正好运动一个运动循环。

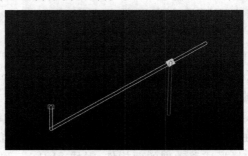

图 2.97　冲压机虚拟机构

2.9.5.3　测量机构的运动学参数

ADAMS 可以给出仿真机构 Marker 点的运动参数,其参数的测量可以在 ADAMS/View 窗口进行,也可以在 ADAMS/PostProcessor 窗口进行。

(1) 在 ADAMS/View 窗口测量运动参数

① 在主菜单中选择【Build】→【Measure】→【Selected Object New...】,弹出 Database Navigator 对话框。该对话框中待选项前有"＋"号,可以双击打开,选择待测量运动参数的构件,单击【OK】,如图 2.98 所示。

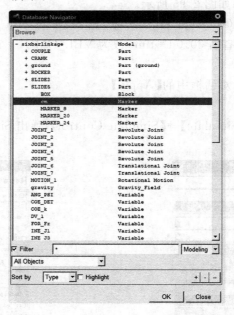

图 2.98　待测运动参数构件的选择

② 在弹出的 Point Measure 对话框的 Characteristic 下拉列表框中选择【Translational Displacement】,在 Component 处选择 Y,改名称为 slide5_cm_displacement,单击【APPLY】,出现 slide5_cm_displacement 曲线图,如图 2.99 所示,即为滑块 5 质心的位移曲线。

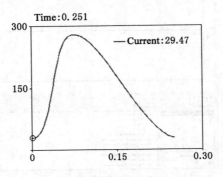

图 2.99　滑块 5 质心的位移曲线

③ 同理,在 Characteristic 下拉列表框中分别选择【Translational velocity】和【Translational acceleration】,可分别得到滑块 5 质心的速度和加速度曲线,如图 2.100、图 2.101 所示。

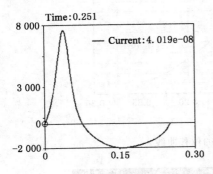

图 2.100　滑块 5 质心的速度曲线

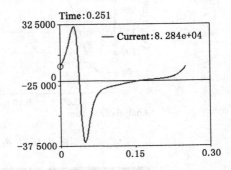

图 2.101　滑块 5 质心的加速度曲线

（2）在 ADAMS/PostProcessor 窗口测量运动参数

① 在主工具箱中,单击图标,进入后处理器 ADAMS/PostProcessor,界面如图 2.102 所示。

② 在底部图标生成器中选择 slide5_cm_Displacement,单击图标生成器右上角的【Add Curves】,则前面所测的滑块 5 的质心的 Y 方向的位移曲线出现在线图动画窗口,这个线图与在 View 窗口的测量图线相比具有很多优点,既表明了单位、具有较小的刻度还能改变标题,如图 2.103 所示。

③ 按照如上方法,在底部图标生成器中依次选择 slide5_cm_velocity 和 slide5_cm_acceleration,单击图标生成器右上角的【Add Curves】,则滑块 5 质心的位移曲线、速度曲线和加速度曲线同时出现在线图动画窗口,如图 2.104 所示。

④ 若想在同一页的不同窗口显示各种图线,可右击主工具栏右侧的图标,打开子菜单,选择同时显示的窗口数和排列形式。如果想把滑块 5 的运动参数和机构动画放在一页

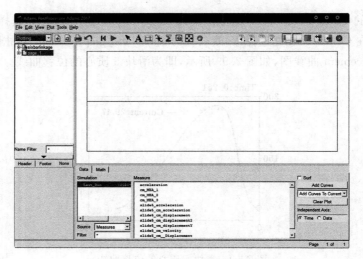

图 2.102　后处理器界面

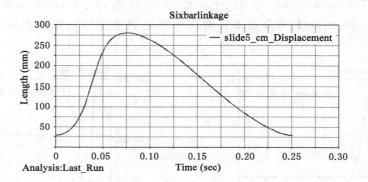

图 2.103　滑块 5 质心的位移曲线

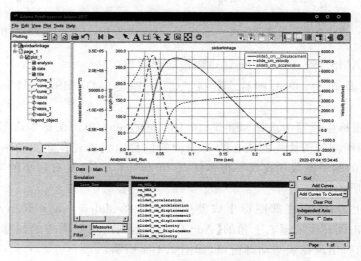

图 2.104　滑块 5 质心的位移、速度与加速度曲线

的四个窗口中,可按照前述方法,在前三个窗口分别添加滑块 5 的位移、速度、加速度曲线,右击最后一个窗口,选择【Load Animation】,所建立的机构会出现在上面。单击线图动画窗口底部的图标▶,则开始动画演示,如图 2.105 所示。

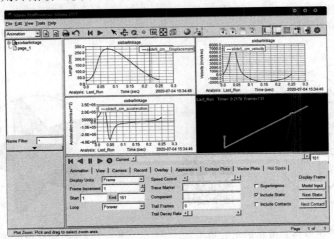

图 2.105 滑块 5 质心的位移、速度、加速度曲线及机构动画

2.10 行星轮上点轨迹的图形特征与应用实验

2.10.1 预备知识

短幅外摆线由于处处光滑连续被应用在了摆线针轮减速器的设计上,事实上内摆线比外摆线具有更多的图形特征,当满足一定的几何关系时,内摆线呈现光滑角的正多边形、光滑角的正多角形、尖角的正多角形、多瓣与多角共生图形以及无限不循环图形,这些图形特征在工件加工、图样生成、搅拌作业、高阶停歇机构设计中有着广泛的应用。通过建立行星轮上点的轨迹方程,令一个坐标在一个位置上的一至三阶导数同时等于零,得到了图形分类的基本关系。

内行星轮系如图 2.106 所示,行星轮 2 与固定内齿轮 3 内啮合,设行星轮 2 的节圆半径为 r_2、$O_2P=b$,角位移为 δ,固定内齿轮 3 的节圆半径为 r_3,系杆 1 的长度 $a_1=O_1O_2=r_3-r_2$、角位移为 φ,令 $k=r_3/r_2,a_1=r_2(k-1)$,于是,行星轮系的传动比为

$$i_{23}^1=\frac{\delta-\varphi}{0-\varphi}=\frac{r_3}{r_2}=k \tag{2-25}$$

为此,行星轮 2 与系杆 1 之间的转角关系为 $\delta=(1-k)\varphi$。

行星轮 2 上 P 点的轨迹坐标 x_P、y_P 分别为

$$\begin{cases}x_P=r_2(k-1)\cos \varphi+b\cos[\pi+(1-k)\varphi]\\ y_P=r_2(k-1)\sin \varphi+b\sin[\pi+(1-k)\varphi]\end{cases} \tag{2-26}$$

为了对轨迹图形进行分类,对 x_P 取关于 φ 的 1~3 阶导数,在 $\varphi=0$ 的位置,$dx_P/d\varphi=0$,$x_P^{(3)}=d^3x_P/d\varphi^3=0$,令 $d^2x_P/d\varphi^2$ 在 $\varphi=0$ 的位置也等于零,于是,得 b 为

$$d^2x_P/d\varphi^2|_{\varphi=0}=-r_2(k-1)\cos \varphi-b(1-k)^2\cos[\pi+(1-k)\varphi]=0$$

$$b=r_2(k-1)/(1-k)^2 \tag{2-27}$$

式(2-27)是行星轮上点轨迹图形分类的等式几何关系。当 $b=r_2(k-1)/(1-k)^2$ 时，P 点的轨迹与 $x_P=r_2(k-1)-b$ 的直线达到 3 阶相切，即在 $\varphi=0$ 的位置，P 点的轨迹具有一段近似直线，该点称为鲍尔点，当 $k=5$ 时，得光滑角的正五角星，如图 2.106 所示，充填后如图 2.107 所示；当 $b=r_2$ 时，P 点的轨迹存在第一类尖点，得到五尖点正曲边形，如图 2.108 所示；当 $b>r_2$ 时，P 点的轨迹存在二重点，得到五个二重点的五瓣五边形，如图 2.109 所示。

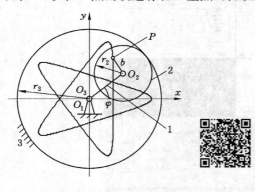

图 2.106 内行星轮系与光滑角的正五角星

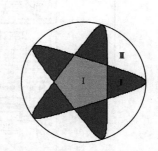

图 2.107 图样充填或正五角星加工

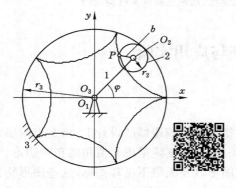

图 2.108 五尖点正曲边形

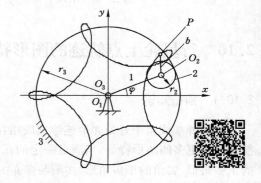

图 2.109 五个二重点的五瓣五边形

若 $b=r_2/(k-1)$，$k=r_3/r_2$ 为无理数，比如 $k=r_3/r_2=\pi$，则行星轮公转的圈数为无限大，此时，在有限的区域内，图形不表现出规则性。当 $k=\pi$，$b=r_2/(\pi-1)$，系杆 1 转 72 圈时，P 点的轨迹如图 2.110 所示；当 $k=e$(自然常数)，$b=r_2/(e-1)$，系杆 1 转 11 圈时，P 点的轨迹如图 2.111 所示。

图 2.110 $k=\pi$ 与系杆 1 转 72 圈时 P 点的轨迹

图 2.111 $k=e$ 与系杆 1 转 11 圈时 P 点的轨迹

当 $r_2 < r_3$ 时的外行星轮系如图 2.112(a)所示,设外行星轮 2 上的一点 P 到自身几何中心 O_2 的距离为 b,若 $b < r_2$,则 P 点的轨迹为短幅摆线;若 $b = r_2$,则 P 点的轨迹为摆线;若 $b > r_2$,则 P 点的轨迹为长幅摆线;当 $r_2 > r_3$ 时,长幅外摆线与内等距曲线如图 2.112(b)所示。

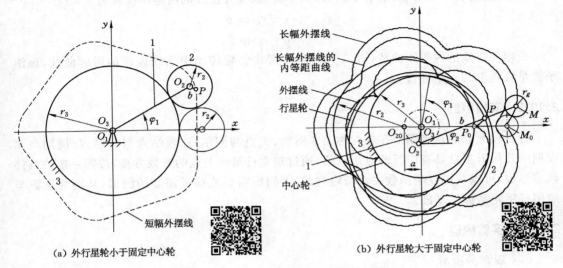

(a) 外行星轮小于固定中心轮　　　　　　(b) 外行星轮大于固定中心轮

图 2.112　外行星轮上动点的摆线轨迹与等距曲线

图 2.112(a)所示外行星轮系的传动比为

$$i_{23}^1 = \frac{\omega_2 - \omega_1}{\omega_3 - \omega_1} = \frac{\omega_2 t - \omega_1 t}{0 - \omega_1 t} = \frac{\varphi_2 - \varphi_1}{0 - \varphi_1} = -\frac{Z_3}{Z_2} = -\frac{r_3}{r_2} \tag{2-28}$$

行星轮 2 与主动件 1 之间的转角关系为 $\varphi_2 = (1 + r_3/r_2)\varphi_1$,摆线的方程为

$$\begin{cases} x_P = (r_3 + r_2)\cos\varphi_1 + b\cos[(r_3 + r_2)\varphi_1/r_2] \\ y_P = (r_3 + r_2)\sin\varphi_1 + b\sin[(r_3 + r_2)\varphi_1/r_2] \end{cases} \tag{2-29}$$

图 2.112(b)所示外行星轮系的传动比为

$$i_{23}^1 = \frac{\omega_2 - \omega_1}{\omega_3 - \omega_1} = \frac{\omega_2 t - \omega_1 t}{0 - \omega_1 t} = \frac{\varphi_2 - \varphi_1}{0 - \varphi_1} = \frac{Z_3}{Z_2} = \frac{r_3}{r_2} \tag{2-30}$$

行星轮 2 与主动件 1 之间的转角关系为 $\varphi_2 = (r_2 - r_3)\varphi_1/r_2 = (1 - r_3/r_2)\varphi_1$,摆线的方程为

$$\begin{cases} x_P = (r_3 - r_2)\cos\varphi_1 + b\cos[(-r_3 + r_2)\varphi_1/r_2] \\ y_P = (r_3 - r_2)\sin\varphi_1 + b\sin[(-r_3 + r_2)\varphi_1/r_2] \end{cases} \tag{2-31}$$

在式(2-31)中,为了得到非交叉的摆线与长幅外摆线,令 $r_3/(r_2 - r_3) = n$,n 为正整数,则 $r_2 = (1 + n)r_3/n$,$(r_2 - r_3)/r_3 = 1/n$,$r_2/r_3 = (1 + n)/n$,$r_3/r_2 = n/(1 + n)$,$1 - r_3/r_2 = 1 - n/(1 + n) = 1/(1 + n)$,$\varphi_1 = \varphi_2/(1 - r_3/r_2) = (n + 1)\varphi_2$。令 $r_3 = 120$ mm,取 $n = 10$,则 $r_2 = (1 + n)r_3/n = 132$ mm,当行星轮 2 转一圈,$\varphi_2 = 2\pi$ 时,$\varphi_1 = (n + 1)\varphi_2 = 11 \times 2\pi = 22\pi$。即,主动件 1 转 11 圈后得到完整的摆线与长幅外摆线。

设长幅外摆线在任意一点 M 的法线与 x 轴之间的夹角为 θ,令式(2-31)中的 $b = O_2 M$,用 M 点替换式(2-31)中的 P 点,则得到 $\sin\theta$ 与 $\cos\theta$ 分别为

$$\begin{cases} dx_M/d\varphi_1 = -(r_3 - r_2)\sin\varphi_1 - [b(r_2 - r_3)/r_2]\sin[(r_2 - r_3)\varphi_1/r_2] \\ dy_M/d\varphi_1 = (r_3 - r_2)\cos\varphi_1 + [b(r_2 - r_3)/r_2]\cos[(r_2 - r_3)\varphi_1/r_2] \end{cases} \tag{2-32}$$

$$\tan\theta = -dx_M/dy_M = (-dx_M/d\varphi_1)/(dy_M/d\varphi_1) = \sin\theta/\cos\theta \tag{2-33}$$

$$\sin \theta = -(\mathrm{d}x_M/\mathrm{d}\varphi_1)/\sqrt{(\mathrm{d}x_M/\mathrm{d}\varphi_1)^2+(\mathrm{d}y_M/\mathrm{d}\varphi_1)^2} \qquad (2\text{-}34)$$

$$\cos \theta = (\mathrm{d}y_M/\mathrm{d}\varphi_1)/\sqrt{(\mathrm{d}x_M/\mathrm{d}\varphi_1)^2+(\mathrm{d}y_M/\mathrm{d}\varphi_1)^2} \qquad (2\text{-}35)$$

在 M 点安装一个滚子,滚子半径为 r_g,于是,长幅外摆线的内等距曲线为

$$\begin{cases} x_{MN}=x_M-r_g\cos \theta \\ y_{MN}=y_M-r_g\sin \theta \end{cases} \qquad (2\text{-}36)$$

长幅外摆线的内等距曲线(x_{MN},y_{MN})就是摆线针轮传动中摆线齿轮的齿廓曲线,该滚子就是针轮上的一个针齿。

2.10.2 实验目的

行星轮上点的轨迹图形存在对称与非对称、尖点与鲍尔点、重结点与异结点、周期与非周期的几何形态且具有广泛的应用价值,通过建立行星轮上点的参数方程,按照一定的条件调节参数,可以获得复杂函数关系所隐含的、人们所需要或接近需要的图形,从而为认识与应用行星轮系提供基础。

2.10.3 实验原理

(1)规则多边形

应用式(2-26),编写参数化的 VB 程序,N 为对应多边形的边数或多角形的角数,M 为对应多边形或多角形时主动件的转数,N 取大于等于 3 的正整数,通过改变 b 的数值,观察规则多边形的图形特征。

(2)规则多角形

当 $k=N/M$,N、M 为两个不可约的正整数,$N>M$,$M\geqslant2$,主动件转 M 圈时,则得到一类弧角近似直边的正 N 角形。若 $k=N/M=8/3$,b 取 b_0 时,得到弧角近似直边的正八角形;当 $b_0<b<r_2$ 时,得到外凹的规则正八角形;当 b 取 r_2 时,得到外凹尖角的规则八角形;当 $r_2<b<a$ 或 $b>a$ 时,得到带有结点的外凸规则八角形;当 b 取 a 时,得到重结点的正八叶形。当 k 取 π 或其他无理数时,得到无限不循环多角形。

当 $k=11/3$ 时内行星轮上 11 角星图形如图 2.113 所示,$n=10$ 时外行星轮上的三条摆线与一条内等距曲线如图 2.114 所示。

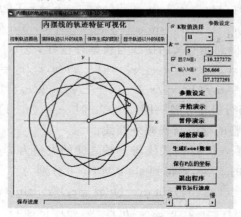

图 2.113 $k=11/3$ 时内行星轮上 11 角星图形

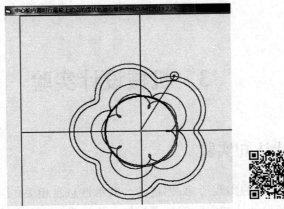

图 2.114　$n=10$ 时外行星轮上的三条摆线与一条内等距曲线

3 机械设计实验

3.1 机械设计认知实验

设计是一种创造性的实践活动,创造性与继承性息息相关,实践需要理论的指导与经验的积累。为此,机械设计认知实验就是通过展示机械设计中的基本要素,了解常用的标准零件与部件以及常用的机械传动类型,以便对机器、部件、零件、机械传动有一些直观的认识与经验的积累。

3.1.1 预备知识

一台现代化的机器中,常包含机械、电气、液压、气动、润滑、冷却、信号、控制、检测等系统。就机器的机械系统而言,又是由零件组成的,零件是机器的基本组成要素。零件按其功能,分为连接件(如螺纹连接件、键、花键、销、铆接、焊接等),传动件[如螺旋传动、带传动、链传动、齿轮传动(图 3.1)、蜗杆传动等],轴系零件[如滑动轴承、滚动轴承(图 3.2)、联轴器、离合器、轴等],其他零件(如弹簧、机座和箱体等)。

图 3.1 飞机发动机齿轮箱　　　　　　　　图 3.2 圆锥滚动轴承

机械零件由于各种原因不能正常工作称为失效。机械零件的失效形式主要有:断裂(图 3.3)、过大的残余变形、零件的表面破坏(图 3.4)等。

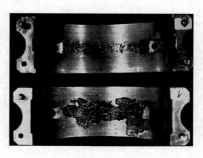

图 3.3 齿轮断齿　　　　　　　　　　图 3.4 滑动轴承轴瓦剥落

减速器是原动机和工作机之间的独立的闭式传动装置,用来降低转速和增大转矩以满足各种工作机械的需要。减速器类型很多,按照传动形式可分为齿轮减速器、蜗杆减速器和行星减速器;按照传动的级数可分为单级减速器和多级减速器;按照传动的布置形式又可分为展开式减速器、分流式减速器(图3.5)和同轴式减速器。

图3.5 分流式圆柱齿轮减速器

3.1.2 实验目的

(1)了解常用连接件的类型、标准参数及结构型式。

(2)了解常用机械传动的类型、失效形式、设计要求及应用。

(3)了解轴系部件的结构、类型、调整及应用。

(4)了解通用零部件在整机设计中的应用,增强感知认识,提高设计能力。

(5)了解通用机械零部件的类型、结构、特点及应用,增强对零部件的感性认识。

3.1.3 实验方法

通过参观机械设计陈列柜,认知机械设计课程中将要讲述的标准件、通用零部件、机械传动的类型与特点,了解机器的基本组成要素,增强对机械零件与机械传动的感性认识。

3.1.4 实验内容

(1)认知螺纹连接的类型

螺纹连接和螺旋传动都是利用螺纹零件工作的。常用螺纹的类型很多,如用于紧固的粗牙普通螺纹、细牙普通螺纹、圆柱螺纹、圆锥管螺纹和圆锥螺纹;用于传动的矩形螺纹、梯形螺纹、锯齿形螺纹以及左、右旋螺纹。

螺纹连接在结构上对应螺栓连接、双头螺柱连接、螺钉连接与紧定螺钉连接。在螺栓连接中,有普通螺栓连接与配合螺栓连接之分,普通螺栓连接的螺栓与被连接件通孔之间设有间隙,而配合螺栓连接的螺栓与被连接件通孔之间采用过渡配合。除这四种基本类型外,还有吊环螺钉连接、T形槽螺栓连接、地脚螺栓连接等特殊结构类型,它们都是标准件。

（2）认知螺纹连接的防松方法

在螺纹连接中，连接的紧密程度随着振动强度的增强与次数的增多而减小，为了防止连接松脱，设计螺纹连接时必须采取有效的防松措施。根据防松原理的不同，分为靠摩擦防松的对顶螺母、弹簧垫圈、自锁螺母，靠机械防松的开口销与六角开槽螺母、止动垫圈、串联钢丝，以及特殊的端铆、冲点等防松方法。

（3）认知提高螺栓连接疲劳强度的方法

螺栓连接常常工作在交变应力状态下，为了提高螺栓连接的疲劳强度，可以采取很多措施，如采用腰状杆螺栓、空心螺栓以及在汽缸螺栓连接中采用刚度较大的有色金属垫片，都能降低影响螺栓疲劳强度的应力幅值。采用悬置螺母、环槽螺母、内斜螺母等均载螺母，能改善螺纹牙上载荷分布的不均现象。采用球面垫圈、腰环螺栓连接或在粗糙支承面上加工出凸台（沉孔座）、在倾斜支承面上加斜面垫圈等，都能减少附加弯曲应力。

（4）认知键、花键连接、型面连接、销

键是实现轴、毂连接的标准件。键连接的主要类型依次为普通平键连接、导向平键连接、滑键连接、半圆键连接、楔键连接和切向键连接。在这些键连接中，普通平键连接应用最为广泛。

轴上的外花键与孔上的内花键组成花键连接。花键连接按其齿形不同分为矩形花键、渐开线花键和三角形花键，它们都已标准化。

非圆轴与对应孔的连接称为型面连接。型面连接因减少了应力集中而能传递更大的转矩。

确定两个零件之间的相对位置、过载时释放零件之间的约束的连接件称为销。销在功能上划分为定位销、安全销和连接销，销在结构上划分为圆柱销、圆锥销、槽销、开口销等。

（5）认知铆接、焊接、胶接和过盈配合连接

通过铆钉实现的连接称为铆接。典型的铆缝结构依次为搭接、单盖板对接和双盖板对接。铆接具有工艺设备简单、抗震、耐冲击和牢固可靠等优点，在桥梁、建筑、造船等工业部门使用。

通过焊条与热熔合的方式将被连接件连接在一起的操作称为焊接。按焊缝形式划分，焊接有正接填角焊、搭接填角焊、对接焊和塞焊等形式。

通过胶黏剂实现合二为一的连接称为胶接。胶接的承载能力、耐久性相对焊接要低一些。胶接因常温作业而不改变被连接件的局部性能，焊接因高温作业而改变被连接件的局部性能。

采用过盈配合而实现的连接称为过盈配合连接。

（6）认知带传动

由带、两个或两个以上带轮与机架组成的传动称为带传动。带分为平带、标准普通V带、接头V带、多楔V带及同步带。其中以标准普通V带应用最广。标准普通V带按截面尺寸分为Y、Z、A、B、C、D、E七种型号。带传动属于摩擦传动，需要张紧。张紧装置有滑道式定期张紧装置、摆架式定期张紧装置、利用电动机自重的自动张紧装置以及张紧轮装置。

（7）认知链传动

由链条、两个或两个以上链轮与机架组成的传动称为链传动。链分为传动链与起重运输链。在一般机械传动中，常用的是传动链。传动链分为单排滚子链、双排滚子链和齿形链。链传动属于带有中间挠性件的啮合传动，不需要预紧，但是需要布置合适。

（8）认知齿轮传动

由两个齿轮与机架组成的传动称为齿轮传动。齿轮传动是机械传动中最主要的一类传动，常用的有直齿圆柱齿轮传动、斜齿圆柱齿轮传动、人字齿轮传动、齿轮齿条传动、直齿圆锥齿轮传动和曲齿锥齿轮传动。

齿轮传动的失效形式有轮齿折断、齿面磨损、齿面点蚀、齿面胶合与塑性变形。目前已经建立了防止轮齿折断与齿面点蚀的设计公式。

（9）认知蜗杆传动

由蜗杆、蜗轮与机架组成的传动称为蜗杆传动。蜗杆、蜗轮的轴线垂直交错，传动比比较大。蜗杆传动有普通圆柱蜗杆传动、圆弧面蜗杆传动、锥蜗杆传动与环面蜗杆传动等。

（10）认知滑动轴承

轴与孔以面接触、被润滑剂完全分开或部分分开的相对转动关系称为滑动轴承。若承受载荷的方向垂直于轴线，称为向心滑动轴承；若承受载荷的方向沿着轴线，称为推力滑动轴承。滑动轴承的主要矛盾是设法减少轴与孔的直接接触，从而减少摩擦、减轻磨损。解决矛盾的途径是轴与孔的材料搭配得当，孔的结构、载荷、转速与润滑剂相互作用后，形成比较稳定的润滑油膜。根据滑动轴承的两个相对运动表面间油膜形成原理的不同，滑动轴承分为动压轴承和静压轴承。

（11）认知滚动轴承

轴与孔以滚动摩擦而实现的相对转动关系称为滚动轴承。滚动轴承的基本元件是内圈、外圈、滚动体与保持架。滚动体可以是球体、柱体、锥体、螺旋体等，以适应轴与孔之间载荷大小与相对位置的变化情况。滚动轴承按承受外载荷的不同而分为向心轴承、推力轴承和向心推力轴承三大类。要保证滚动轴承正常工作，必须解决轴承的安装、紧固、调整、润滑、密封等问题，即进行轴承的结构设计。

（12）认知联轴器

用于连接两根轴、传递运动与转矩的部件称为联轴器。按两根轴被连接后所能允许的微小相对运动状态，联轴器分为不允许微小相对运动的固定式刚性联轴器、允许微小相对运动的可移式刚性联轴器与弹性联轴器。联轴器已标准化或规格化，设计时只需要参考手册，根据机器的工作特点及要求，结合联轴器的性能选定合适的类型及型号即可。

（13）认知离合器

使两根轴在转动中随时可以分离或接合的部件称为离合器。离合器分为啮合型与摩擦型。啮合型有牙嵌离合器、齿轮啮合式离合器；摩擦型有单盘摩擦离合器、多盘摩擦离合器和锥形摩擦离合器。实现摩擦离合的动力可以是机械的、液压的或电磁的。若离合器只能传递单向转矩，则称为超越离合器。

（14）认知轴的结构设计

用于支承其他零件或同时传递转矩的零件称为轴。按几何形状分，轴分为光轴、阶梯轴、空心轴、曲轴及钢丝软轴，它们具有不同的力学特征与应用场合。确定轴的几何尺寸时，要考虑其零件的安装、定位及加工的需要。

（15）认知弹簧

利用材料的明显变形来工作的零件称为弹簧。按几何形状分，弹簧分为螺旋状弹簧、板弹簧与碟形弹簧。弹簧的主要作用是实现零件的复位、对物体测力以及缓冲减振等。

（16）认知减速器

通过齿轮传动从而实现两根同轴线或不同轴线轴之间的转速与转矩变换的独立工作单元称为减速器。减速器分为单级、双级与多级减速器，可以使用任何一种齿轮。减速器由箱体、轴承、轴、齿轮、键、端盖、套筒、螺栓、螺母、垫片、定位销、通气器、油标、油塞、视孔盖、启盖螺钉、起重耳钩与油杯等零件组成。为了使减速器正常工作，需要对其进行良好的润滑。良好的密封可以实现润滑油不外泄或越位。

3.2　LS-1 型螺栓连接特性测定实验

螺栓连接所要解决的问题是受力的大小与变化性质的确定，螺栓直径的选择，预紧力的确定、施加与维持。螺栓连接中力与变形的真实情况与理论计算存在差异，只有通过实验才能知道螺栓连接中力与变形的真实情况。

3.2.1　预备知识

（1）受倾覆力矩 M 作用的螺栓组连接

如图 3.6 所示的底板螺栓组连接，在倾覆力矩 M 的作用下，底板有绕通过螺栓组形心的轴线 O—O 翻转的趋势。假设螺栓受有相同的预紧力，被连接件是弹性体，接合面始终保持为平面，根据底板静力平衡条件有

$$M = F_1 r_1 + F_2 r_2 + \cdots + F_z r_z \tag{3-1}$$

根据螺栓变形协调条件，各螺栓的拉伸变形量与其中心至底板翻转轴线的距离成正比。于是

$$\frac{F_1}{r_1} = \frac{F_2}{r_2} = \cdots = \frac{F_z}{r_z} \tag{3-2}$$

联立以上两式，可求出 F_1、F_2、$\cdots$、F_z。

（2）螺栓所受的总拉力 $F_{\sum}$、预紧力 F_0、剩余预紧力 F'_0 与工作拉力 F 之间的关系

由图 3.7 可以得到螺栓所受的总拉力 $F_{\sum}$、预紧力 F_0、剩余预紧力 F'_0 与工作拉力 F 之间的关系

$$F_0 = F'_0 + \Delta F_2 = F'_0 + C_m /(C_b + C_m)F \tag{3-3}$$

$$F_{\sum} = F_0 + \Delta F_1 = F_0 + C_b/(C_b + C_m)F \tag{3-4}$$

式中　C_b、C_m——螺栓与被连接件的刚度系数；

$C_b/(C_b + C_m)$——螺栓的相对刚度系数，按表 3.1 查取。

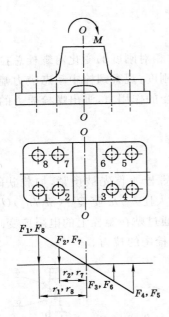

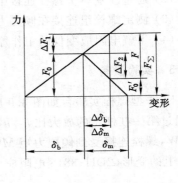

图 3.6　受倾覆力矩作用的螺栓组连接　　　　图 3.7　螺栓受力变形图

表 3.1　螺栓的相对刚度系数

被连接钢板间垫片材料	金属（或无垫片）	皮革	铜皮石棉	橡胶
$C_b/(C_b+C_m)$	$0.2\sim0.3$	0.7	0.8	0.9

（3）受变载荷作用的螺栓强度计算

当工作载荷 F 在 0 与 F 之间变化时，螺栓所受的总拉力 F_Σ 将在 F_0 和 F_Σ 之间变化，螺栓中所引起的应力将是变应力，如图 3.8 所示。在这种工作条件下，螺栓的主要失效形式是疲劳断裂，因此，应按照疲劳强度进行有关计算。

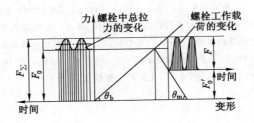

图 3.8　承受变载荷螺栓连接受力变形图

螺栓的疲劳强度条件为

$$\sigma_a=\frac{\Delta F_1/2}{\dfrac{\pi d_1^2}{4}}=\frac{2F}{\pi d_1^2}\cdot\frac{C_b}{C_b+C_m}\leqslant[\sigma_a] \tag{3-5}$$

式中　$[\sigma_a]$——变载时螺栓的许用应力，N/mm^2。

3.2.2　实验目的

（1）测定单个螺栓在轴向预紧连接中,被连接件相对刚度的变化对螺栓总拉力的影响。

（2）通过改变单个螺栓连接中被连接件的相对刚度,观察螺栓中动态应力幅值的变化。

（3）测定螺栓组连接在倾覆力矩作用下螺栓所受的作用力,画出螺栓受力的分布图。

（4）了解电阻应变仪的工作原理和使用方法。

3.2.3　实验设备

LS-1 型螺栓实验台如图 3.9 所示,10 个被测试螺栓 4 首先被预紧,加载砝码 7 的重力 W 通过第一杠杆 1 的放大比 h_1/h_2、第二杠杆 3 的放大比 h_3/h_4 使 $Q=(h_1/h_2)(h_3/h_4)W=100W$,螺栓连接受到倾覆力矩 $M=Q\times h$ 的作用。通过贴在螺栓上的电阻应变片 6 来检测螺栓上的变形(2DH-3818 电阻应变仪),从而得到螺栓中的拉力。

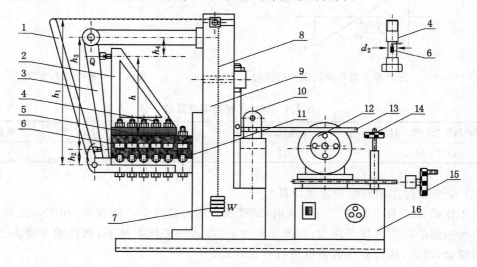

1— 第一杠杆;2— 三角形托架;3— 第二杠杆;4— 被测试螺栓(共 10 个);5— 被连接件;

6— 电阻应变片;7— 加载砝码;8— 加载钢丝绳;9— 静载荷实验台支架;

10— 单个螺栓动载荷实验支架;11— 补偿片;12— 单个螺栓动载荷实验加载凸轮;

13— 单个螺栓实验加载杠杆;14— 预紧或加载手轮;15— 应力幅值调节手轮;16— 单个螺栓实验传动箱

图 3.9　LS-1 型螺栓实验台

3.2.4　实验原理

在受倾覆力矩作用的螺栓组连接中,认为每个螺栓的受力与到倾覆轴线的距离成正比,每个螺栓形成的力矩之和与倾覆力矩大小相等、方向相反。图 3.9 所示的螺栓组连接用图 3.10 表示,螺栓 1、6 中的理论工作拉力 $F_1=Mr_1/[2(r_1^2+r_2^2+r_4^2+r_5^2)]$,螺栓 2、7 中的理论工作拉力 $F_2=F_1r_2/r_1$。设每个螺栓上的预紧力为 F_0,螺栓的刚度为 C_b,被连接件的刚度为 C_m,则螺栓 1、6 中的总拉力 $F_{\sum 1}=F_0+F_1C_b/(C_b+C_m)$,螺栓 2、7 中的总拉力 $F_{\sum 2}=F_0+F_2C_b/(C_b+C_m)$。当拉力引起螺栓的长度变化时,粘贴在其上的电阻应变片发生变形,电阻值也随着发生变化,用电阻测量仪的电桥电路,测出电阻值的相对变化 $\Delta R/R$,就可换算出

相应的应变 ε，并直接在测量仪的数码管读出。采用的电阻应变片阻值 $R = 120\ \Omega$，灵敏系数 $K = 2.0$。

3.2.5 实验步骤

（1）螺栓组连接实验

① 图 3.9 中螺栓的序号如图 3.10 所示，将 1—10 号实验螺栓引出线的两端按顺序依次接到静态电阻应变仪输入 1—10 通道的 A、B 端，温度补偿块引出线的两端分别接到应变仪的补偿 A、B 端。

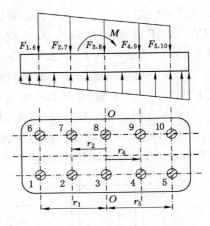

图 3.10 倾覆力矩下的螺栓组连接

② 接通电源，调整应变仪 1—10 通道平衡电阻到零。

③ 逐个预紧螺母，使 1—10 号螺栓上的初应变 $\varepsilon_0 = 500\ \mu\varepsilon$，利用通道选择按钮在应变仪上读取。

④ 给螺栓组连接加载 3 500 N（砝码与挂钩重 35 N）即施加倾覆力矩，在应变仪上读取各个通道上螺栓的应变量 ε_{1i}（下标 1 表示第一次实验，下标 $i = 1,2,\cdots,9,10$ 表示螺栓序号）。

⑤ 卸载，重新调整各螺栓上的初应变 $\varepsilon_0 = 500\ \mu\varepsilon$，按前步骤测出每个螺栓的应变量 ε_{2i}（下标 2 表示第二次实验，下标 $i = 1,2,\cdots,9,10$ 表示螺栓序号）。

⑥ 再次卸载，重新调整各螺栓上的初应变 $\varepsilon_0 = 500\ \mu\varepsilon$，按前步骤测出每个螺栓的应变量 ε_{3i}（下标 3 表示第三次实验，下标 $i = 1,2,\cdots,9,10$ 表示螺栓序号）。

⑦ 计算三次实验的平均值 $\overline{\varepsilon_i} = (\varepsilon_{1i} + \varepsilon_{2i} + \varepsilon_{3i})/3\ \mu\varepsilon(i = 1,2,\cdots,9,10)$。

⑧ 以螺栓位置为横坐标（第 1,2,3,4,5 号螺栓与第 6,7,8,9,10 号螺栓），以应变增量 $\varepsilon_{bz} = \overline{\varepsilon_i} - \varepsilon_0$ 为纵坐标，绘制螺栓位置与应变关系图。

⑨ 比较实验所得总拉力与理论计算总拉力，螺栓材料的弹性模量 $E = 2.1 \times 10^5\ \text{N/mm}^2$，螺栓最细直径 $d_2 = 6$ mm，螺栓最细直径上的应力与总拉力分别为 $\overline{\sigma_i} = \overline{\varepsilon_i} \times E$、$F_{\sum i} = \overline{\sigma_i}(\pi d_2^2/4)(i = 1,2,\cdots,9,10)$。

（2）单个螺栓连接静力实验

① LS-1 型螺栓实验台中用于单个螺栓静力测定实验的结构如图 3.11(a) 中左视图所示，螺杆 1 的上端用调整螺母 2、下端通过销轴连接吊耳 3，被测试螺栓 5 的上端通过垫片 4 与吊耳 3 相连、下端的紧固螺母 6 实现对被测试螺栓 5 的预紧。将吊耳 3 与被测试螺栓 5 的引出线分别接到静态电阻应变仪的两通道 A、B 端，温度补偿块引出线分别接到应变仪的补偿 A、B 端。

② 调整应变仪上的 11、12 号通道，进行平衡校正。

③ 安装钢垫片。

④ 拧紧螺母，被测试螺栓 5 被预紧，设预紧力为 F_0，其上的应变片（对应应变仪上 11 号通道）产生 $\varepsilon_0 = 500\ \mu\varepsilon$ 的应变量，等价于螺栓上得到的预紧力 $F_0 = \varepsilon_0 E A_1$，如图 3.11(b) 所示，$E$ 为螺栓的弹性模量，A_1 为被测试螺栓测量应变处的截面积（$\pi \times 8^2/4 = 50.3\ \text{mm}^2$）。

⑤ 预紧图 3.11(a) 中的手轮 11 使吊耳 3 上的应变片（对应应变仪上 12 号通道）产生 $\varepsilon_g = 50\ \mu\varepsilon$ 的应变量，对应于被测试螺栓 5 上受到的工作拉力 $F = \varepsilon_g E A_2$，A_2 为测量吊耳应变处的截面积（$2 \times 32 \times 3.5 = 224\ \text{mm}^2$），由图 3.11(b) 得 $F = \Delta F_1 + \Delta F_2 = (\Delta\delta)(\tan\theta_b +$

$\tan\theta_m) = (\Delta\delta)(C_b + C_m)$，$C_b$、$C_m$ 分别为螺栓与被连接件的刚度，于是得 $(\Delta\delta)(C_b + C_m) = \varepsilon_g EA_2$。记下被测试螺栓 5 的总应变量 ε_Z，对应于螺栓上的总载荷 $F_\Sigma = \varepsilon_Z EA_1$，由图 3.11(b) 得 $F_\Sigma = F_0 + \Delta F_1 = \varepsilon_0 EA_1 + (\Delta\delta)C_b$，于是得 $(\Delta\delta)C_b = (\varepsilon_Z - \varepsilon_0)EA_1$。

⑥ 松开被测试螺栓 5 上的紧固螺母 6，更换环氧垫片（相当于改变被连接件的刚度），重复上述③、④、⑤步骤，在吊耳产生 $\varepsilon_g = 50\ \mu\varepsilon$ 的应变状态下，记录螺栓的总应变 ε_Z。

⑦ 当得到了 $(\Delta\delta)(C_b + C_m) = \varepsilon_g EA_2$ 与 $(\Delta\delta)C_b = (\varepsilon_Z - \varepsilon_0)EA_1$，于是得 $\varepsilon_g EA_2/(C_b + C_m) = (\varepsilon_Z - \varepsilon_0)EA_1/C_b$，化简后得螺栓的相对刚度 $C_r = C_b/(C_b + C_m) = (\varepsilon_Z - \varepsilon_0)A_1/(\varepsilon_g A_2)$。放不同的垫片，得到不同的相对刚度。

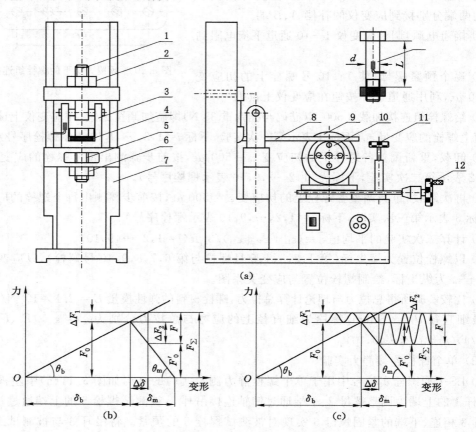

1—螺杆；2—调整螺母；3—吊耳；4—垫片；5—被测试螺栓；6—紧固螺母；7—机架；
8—加载杠杆；9—电动机；10—加载凸轮；11—预紧或加载手轮；12—应力幅值调节手轮。

图 3.11　LS-1 型螺栓实验台中用于单个螺栓连接变力测定实验的结构图

（3）单个螺栓连接变力测定实验

① LS-1 型螺栓实验台中用于单个螺栓连接变力测定实验的结构如图 3.11(a)所示，首先安装钢垫片。

② 在被测试螺栓 5 上加预紧力，使螺栓上的应变量 $\varepsilon_0 = 500\ \mu\varepsilon$。

③ 将加载凸轮 10 与加载杠杆 8 之间的距离调节到最小，调节螺母 2，使吊耳 3 上的应变量达 5～10 $\mu\varepsilon$，近似认为外载荷为零。

④ 将加载凸轮 10 与加载杠杆 8 之间的距离调节到最大,用应力幅值调节手轮 12 改变电动机 9 的位置,从而改变加载杠杆 8 的杠杆比,使吊耳 3 应变量 $\varepsilon_g = 50 \ \mu\varepsilon$,测量并记录螺栓总的应变量 ε_z。

⑤ 开动电动机 9,加载凸轮 10 推动加载杠杆 8 给被测试螺栓 5 加变化的载荷,观察螺栓上总应变量 ε_z 的变化波形,如图 3.11(c)所示。

⑥ 为了观察并测量螺栓拉力变化范围,将吊耳及螺栓应变量信号通过交流放大器中的电压信号转换为应变量。

3.3 LZS 螺栓连接综合实验

螺栓连接综合实验可对螺栓的工作载荷、螺栓的应变量、被连接件的应变量等进行测量,通过计算机对螺栓连接的静、动态特征参数进行数据采集与处理、实测与辅助实验。

3.3.1 预备知识

当螺栓所受的轴向工作载荷变化时,将引起螺栓的总拉力和应力变化。在螺栓的最大应力一定时,应力幅越小,螺栓的疲劳强度越高。由图 3.12 可知,在工作载荷和剩余预紧力不变的情况下,减小螺栓的刚度或增大被连接件的刚度(预紧力相应增大)都能达到减小应力幅的目的。

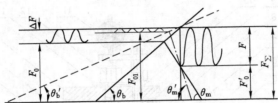

图 3.12 螺栓刚度和被连接件刚度对螺栓应力幅的影响

常用的减小螺栓刚度和提高被连接件刚度措施如图 3.13 和图 3.14 所示。

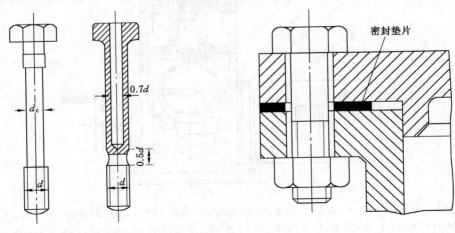

图 3.13 细长螺栓、中空螺栓   图 3.14 刚度大的金属垫片

3.3.2　实验目的

（1）了解单个螺栓连接在拧紧过程中各部分的受力情况。

（2）计算螺栓的相对刚度，并绘制螺栓连接的受力变形图。

（3）验证受轴向工作载荷时，预紧螺栓的变形规律及对螺栓总拉力的影响。

（4）通过改变螺栓连接的相对刚度，观察螺栓动应力幅值的变化，以验证提高螺栓连接强度的措施。

3.3.3　实验项目

（1）空心螺栓、刚性垫片连接下的静、动态实验。

（2）空心螺栓、实心螺栓连接下的静、动态实验。

（3）刚性垫片、弹性垫片下的静、动态实验。

（4）改变被连接件刚度的静、动态实验。

3.3.4　实验设备与工作原理

（1）螺栓连接实验台

实验台的结构如图 3.15 所示。连接部分由 M16 的空心螺栓 14、螺母 12、垫片 13 和

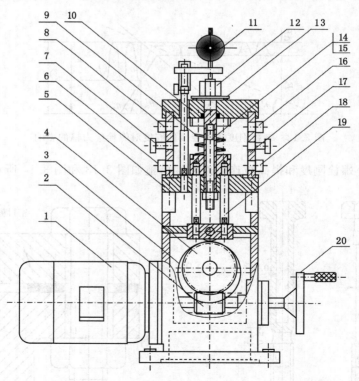

1—电动机；2—蜗杆；3—凸轮；4—蜗轮；5—下板；6—扭力插座；7—锥塞；8—拉力插座；9—弹簧；10—上板；11—千分表；
12—螺母；13—垫片；14—空心螺栓；15—小螺栓；16—八角环插；17—八角环；18—挺杆压力插座；19—顶杆；20—手轮。

图 3.15　LZS 螺栓实验台结构

M8 的小螺栓 15 组成。空心螺栓的外表面贴有测拉力与扭矩的两组应变片,分别测量螺栓在拧紧后所受到的预紧力与扭矩。空心螺栓的内孔中装有 M8 的小螺栓 15,通过拧紧或松开其上的手柄,其可以承载或不承载,即达到改变螺栓承载面积与刚度的目的。垫片组可以使用刚性或弹性的垫片。

被连接件由上板 10、下板 5 和八角环 17 组成,八角环上贴有应变片,用以测量被连接件受力的大小,八角环的中部有锥形孔,插入或拨出锥塞 7 即可改变八角环的受力,即改变被连接件的刚度。

加载部分由蜗杆 2、蜗轮 4、顶杆 19 和弹簧 9 组成,顶杆上贴有应变片,用以测量所受载荷的大小,蜗杆一端与电动机相连,另一端装有手轮,启动电动机 1 或转动手轮 20 使顶杆 19 上升或下降,以达到加载、卸载的目的。

(2) CQYDJ-A 型静动态测量仪

CQYDJ-A 型静动态测量仪通过测量贴在螺栓上的应变片的阻值,以反映螺栓受力的大小。螺栓连接采用箔式电阻应变片,其阻值 $R=120\ \Omega$,灵敏系数 $K=2.20$。数据处理由计算机、专用多媒体软件完成。可进行螺栓静态和动态连接实验的数据处理与曲线图的输出。

3.3.5 实验步骤

(1) 螺栓连接静态实验

① 打开测量仪电源开关,启动计算机与实验软件,单击"静态螺栓实验",进入静态螺栓实验主界面。单击"串口测试"菜单,用以检查通信是否正常。

② 进入静态螺栓实验主界面,单击"实验项目选择"菜单,选"空心螺杆"项。

③ 转动实验台手轮,挺杆下降,使弹簧下座接触下板面,卸掉弹簧施加给空心螺栓的轴向载荷。将用以测量被连接件与连接件(螺栓)变形量的两块千分表,分别安装在表架上,使表的测杆触头分别与上板面和螺栓顶端面少许(0.5 mm)接触。

④ 手拧大螺母至恰好与垫片接触。螺栓不应有松动的感觉,分别将两个千分表调零。单击"校零"键,软件对上一步骤采集的数据进行清零处理。

⑤ 用扭力矩扳手预紧被测试螺栓,当扳手力矩为 30~40 N·m 时,取下扳手,完成螺栓预紧。

⑥ 将千分表测量的螺栓拉变形值和八角环压变形值输入到相应的"千分表值输入"框中。

⑦ 单击"预紧"键进行螺栓预紧后,对预紧工况的数据进行采集和处理,同时生成预紧时的理论曲线。如果预紧正确,单击"标定"键进行参数标定,此时标定系数被自动修正。

⑧ 将手轮逆时针(面对手轮)旋转,使挺杆上升至一定高度(≤15 mm),压缩弹簧对空心螺栓轴向加载,力的大小可通过上升高度控制,然后将千分表测到的变形值再次输入到相应的"千分表值输入"框中。

⑨ 单击"加载"键进行轴向加载工况的数据采集和处理,同时生成理论曲线与实际测量曲线。如果加载正确,单击"标定"键进行参数标定,此时标定系数被自动修正。

⑩ 单击"实验报告"键,生成实验报告。

(2) 螺栓连接动态实验

① 单击"动态螺栓"进入动态螺栓实验界面。

② 重复静态实验方法的步骤。

③ 取下实验台右侧手轮,开启实验台电动机开关,单击"动态"键,使电动机运转,进行动态工况的采集和处理,同时生成理论曲线与实际测量曲线。

④ 单击"实验报告"键,生成实验报告。

⑤ 完成上述操作后,动态螺栓连接实验结束,关闭电源。

注意事项:进行动态实验开启电动机电源开关时必须注意把手轮卸下来,避免电动机转动时发生安全事故,并可减少实验台振动和噪声。

3.4 带传动的弹性滑动与机械效率测定实验

带传动属于摩擦传动,存在摩擦、磨损与弹性滑动现象,通过测量主动转矩与转速、负载转矩与转速,可以获得带传动的滑动率与机械效率。

3.4.1 预备知识

(1)带传动受力分析

工作前,带必须以一定的张紧力 F_0 张紧在带轮上。静止时,带两边的拉力都等于张紧力 F_0[图 3.16(a)];传动时,由于带与轮面间摩擦力的作用,绕进主动轮一边的带,拉力由 F_0 增到 F_1,称为紧边;而另一边带的拉力由 F_0 减为 F_2,称为松边[图 3.16(b)]。两边拉力之差称为带传动的有效拉力,也就是带所传递的圆周力 F_e,即

$$F_e = F_1 - F_2 \tag{3-6}$$

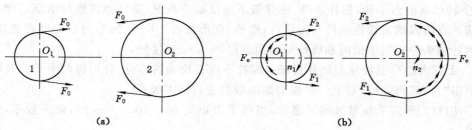

图 3.16 带传动受力分析

设环形带的总长度不变,则紧边拉力的增加量应等于松边拉力的减少量,即

$$F_1 - F_0 = F_0 - F_2 \tag{3-7}$$

联解式(3-6)和式(3-7)得

$$F_1 = F_0 + F_e/2$$
$$F_2 = F_0 - F_e/2 \tag{3-8}$$

设带传动速度为 v(m/s),则带传动传递功率 P(kW)为

$$P = \frac{F_e v}{1\,000} \tag{3-9}$$

带速 v 不变时,传递的功率 P 取决于带与带轮间的摩擦力。若带所传递的圆周力超过

带与轮面间的极限摩擦力总和时,带与带轮将发生显著的相对滑动,这种现象称为打滑。

由柔韧体摩擦的欧拉公式可知,带在即将打滑时紧边拉力 F_{1c} 与松边拉力 F_{2c} 的关系为

$$\frac{F_{1c}}{F_{2c}} = e^{f\alpha} \tag{3-10}$$

式中 f——带与轮面间的摩擦因数(V 带则为当量摩擦因数 f_v);

　　　　α——带轮的包角,rad;

　　　　e——自然对数的底。

将式(3-10)代入式(3-6)、式(3-7),整理后可得在打滑临界状态下的最大有效拉力为

$$F_{max} = 2F_0\,\frac{e^{f\alpha}-1}{e^{f\alpha}+1} = 2F_0\left(1-\frac{2}{e^{f\alpha}+1}\right) \tag{3-11}$$

由式(3-11)可知,增大张紧力、包角和摩擦因数,都可提高带传动所能传递的圆周力,但过量增大 F_0 将会降低带的寿命。

(2) 带传动运动分析

带是弹性体,在拉力作用下会产生弹性伸长。由于紧边拉力大于松边拉力,所以紧边的弹性伸长量必然大于松边的弹性伸长量。如图 3.17 所示,带自 A 点绕上主动轮在 AE_1 段,带的速度与带轮圆周速度相等,但当它沿 E_1B 继续绕进时,带所受拉力由 F_1 逐渐降至 F_2,其弹性伸长量也随之减小,带在带轮上微微向后收缩,而主动轮的圆周速度 v_1 保持不变,所以带的速度逐渐落后于主动轮的圆周速度,从绕上主动轮时的速度 v_1 逐渐降至 v_2,在带和主动轮之间局部出现相对滑动。

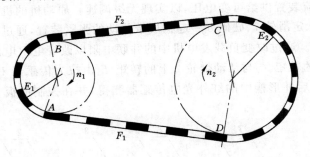

图 3.17　带传动弹性滑动

同样现象亦发生在从动轮上,带在 CE_2 段与带轮具有同一速度,但当带沿 E_2D 前进时,带弹性伸长量逐渐增大,使带微微向前拉伸,即带的速度超前于从动轮的圆周速度,带和从动轮之间局部出现相对滑动。这种因带的两边拉力不等而使带弹性变形量不等,引起带与带轮之间局部微小的相对滑动称为弹性滑动。

打滑是当带所传递的圆周力超过带与轮面间的极限摩擦力总和时,带与带轮间发生的显著相对滑动现象。打滑将使带的磨损加剧、传动效率降低,以致使传动失效。

弹性滑动和打滑是两个截然不同的概念。打滑是指因为过载而引起的全面滑动,应当避免。弹性滑动是由拉力差引起的,只要传递圆周力,必然会发生弹性滑动,所以,弹性滑动是带传动固有的物理现象。

由于弹性滑动是不可避免的,所以 v_2 总是低于 v_1。传动中由于带的滑动引起的从动轮圆周速度的相对降低率称为滑动率 ε,即

$$\varepsilon = \frac{v_1 - v_2}{v_1} = \frac{D_1 n_1 - D_2 n_2}{D_1 n_1} \tag{3-12}$$

由此得带传动的传动比为

$$i = \frac{n_1}{n_2} = \frac{D_2}{D_1(1-\varepsilon)} \tag{3-13}$$

或从动轮的转速为

$$n_2 = \frac{n_1 D_1 (1-\varepsilon)}{D_2} \tag{3-14}$$

3.4.2 实验目的

（1）了解带传动实验台的结构与工作原理。

（2）测定带传动的转矩与转速，绘制滑动曲线及机械效率曲线。

（3）观察带传动中弹性滑动及打滑现象；分析初拉力 F_0、有效拉力 F_e、滑动系数与机械效率的关系。

3.4.3 实验原理设备

DSC-Ⅱ型带传动实验台的结构简图如图 3.18 所示。直流电动机 5 为原动机（反电势与电枢电流方向相反），直流电动机 1 为负载发电机（反电势与电枢电流方向相同），主动带轮 4（基准直径为 D_1、转速为 n_1）通过传动带 3 带动从动带轮 2（基准直径为 D_2、转速为 n_2）。原动机由可控硅整流装置供给可变电压，以实现无级调速。原动机的机座 10 做成可移动结构，与牵引钢丝绳 6、定滑轮 7、砝码 8 一起构成带传动的张紧装置，通过改变砝码的大小，得到不同的预紧力 F_0。通过改变负载发电机中的并联电阻以改变电枢电流，从而改变负载转矩。主动带轮 4 上的转矩 T_1 与从动带轮 2 上的转矩 T_2 由拉力传感器 11 测出，两轮的转速 n_1、n_2 由装在带轮背后环形槽中的红外光电传感器测得，并在控制面板 13 上显示出转速与转矩的数值。

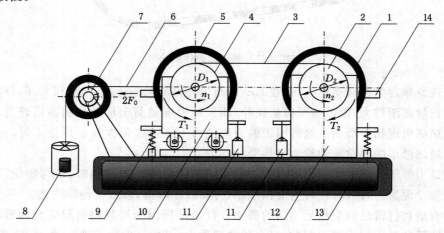

1—负载发电机；2—从动带轮；3—传动带；4—主动带轮；5—直流电动机；6—牵引钢丝绳；7—定滑轮；
8—砝码；9—拉簧；10—机座；11—拉力传感器；12—固定支座；13—控制面板；14—标定杆。

图 3.18　DSC-Ⅱ型带传动实验台的结构简图

传感器将转速、转矩信号送入单片机,由单片机进行数据处理并将结果显示在控制面板上,如输出带传动的滑动率与负载之间的 ε-T_2 曲线、机械效率与负载之间的 η-T_2 曲线及有关数据。此处的滑动率 $\varepsilon=(D_1 n_1-D_2 n_2)/(D_1 n_1)$,机械效率 $\eta=T_2 n_2/(T_1 n_1)$。

带传动实验的设备为 DCS-Ⅱ型带传动实验台,传动带,砝码,计算机及辅助实验软件。

3.4.4 实验步骤

DCS-Ⅱ型带传动实验台操作面板布置如图 3.19 所示。

(1) 人工实验

① 设置初拉力,对同一型号的传动带,改变砝码 8,可实验不同初拉力对传动性能的影响。

② 首先将调速旋钮逆时针调到 0 速位置,接通电源开关,按"清零"键,转速、转矩处于"自动校零"状态。

③ 启动电动机,调整主动轮转速到预定值 1 300 r/min 左右。主动轮数码管显示的初始转矩为 0~0.03 N·m、被动轮的初始转矩为 0.05~0.09 N·m。

④ 加载,每按一下"加载"键,等价于并联一个负载电阻,使发电机的负载对应增加,实现了负载的改变。在空载时,记录主、被动轮的转矩与转速。

按"加载"键一次,第一个加载指示灯亮,调整主动轮转速,使其仍保持预定的转速,待显示基本稳定(一般 LED 显示器跳动 2~3 次即可)记下主、被动轮的转矩与转速。

再按"加载"键一次,第二个加载指示灯亮,再调整主动轮转速,仍保持预定转速,待显示稳定后再次记下主、被动轮的转矩与转速。

第三次按"加载"键,第三个加载指示灯亮,同前次操作一样,记录下主、被动轮的转矩与转速。

⑤ 重复操作,直至 7 个加载指示灯亮,共记录下 8 组数据。根据这 8 组数据便可得出带传动的滑动率与负载之间的 ε-T_2 曲线、机械效率与负载之间的 η-T_2 曲线。

图 3.19　DSC-Ⅱ型带传动实验台操作面板

(2) 计算机辅助实验

① 调速旋钮逆时针调到 0 速位置,打开实验台电源开关,按"清零"键,转矩自动校零,主动轮的初始转矩为 0~0.03 N·m、被动轮的初始转矩为 0.05~0.09 N·m。转速数码管显示为"零"。

② 主动轮的转速设置为 1 300 r/min。

③ 启动带传动实验系统,执行数据采集。

④ 待转速稳定(一般需 2~3 个显示周期)后,按"加载"键,接着重复 7 次,使实验台面

板上的四组数码管全部显示"8888",表明数据采集完毕,并送入计算机。

⑤ 计算机屏幕将显示所采集的全部 8 组主、被动轮的转速与转矩,可以进行数据与图形的分析与拟合。

⑥ 实验结束后,电动机调速到零,关闭实验台电源,退出软件后关闭计算机。

⑦ 改变初拉力 F_0,重复上述步骤,得出另一组实验数据,得到初拉力 F_0 对带的承载能力的影响实验。

3.5 液体动压滑动轴承实验

润滑油只有形成一层承载油膜才能将相对运动的表面分离开来,起到润滑的作用。液体动压滑动轴承实验通过测量油膜压力分布以判断油膜形成的情况。

3.5.1 预备知识

（1）滑动轴承动压形成过程

径向滑动轴承的孔轴之间存在间隙,为建立油楔提供了基础。当轴颈静止时,轴颈在外载荷 F 的作用下处于轴承孔最下方的稳定位置,孔轴两表面间自然形成弯曲的楔形,如图 3.20(a)所示。当轴颈开始顺时针转动时,速度极低,这时轴颈和轴承直接接触,接触区摩擦状态为边界摩擦,作用于轴颈上的摩擦阻力大,由于摩擦力方向与轴径表面的圆周速度方向相反,迫使轴颈沿轴承孔内壁向右滚（滑）动[图 3.20(b)]。随着轴颈转速的升高,润滑油顺着旋转方向被不断带入楔形间隙,由于间隙越来越小,润滑油被挤压从而产生油膜压力,在油膜压力下轴径中心逐渐向左移动。当轴颈转速升至一定值时,油膜压力完全将轴颈托起,两表面完全被油膜隔开,此时,轴承开始按完全液体摩擦状态工作[图 3.20(c)]。轴颈转速越高,轴径中心越接近于轴承孔中心。

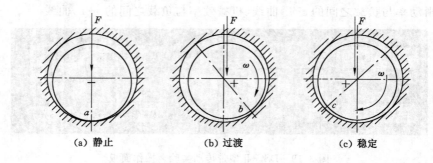

（a）静止　　　　　　（b）过渡　　　　　　（c）稳定

图 3.20　滑动轴承工作原理图

在启动和停机阶段,轴承处于非液体润滑状态。此外,若外载荷 F 很大,轴颈转速及油的黏度很低,表面很粗糙,轴承将始终不能形成完全液体润滑而处于非液体润滑状态。

（2）最小油膜厚度 h_{min}

如图 3.21 所示,轴承孔中心为 O_1,轴径中心为 O,O_1O 为轴承与轴径偏心距 e,R、r 分别为轴承孔和轴颈的半径,两者之差即轴承半径间隙,以 δ 表示,即

$$\delta = R - r \tag{3-15}$$

半径间隙与轴颈半径之比称为轴承相对间隙,以 ψ 表示,即

$$\psi = \delta / r \tag{3-16}$$

轴承偏心距与半径间隙之比称为偏心率,以 χ 表示,即

$$\chi = e / \delta \tag{3-17}$$

以连心线 O_1O 为极轴,则任意 φ 角处,轴承的油膜厚度为

$$h = \delta + e\cos\varphi = \delta(1 + \chi\cos\varphi) \tag{3-18}$$

当 $\varphi = \pi$ 时,得最小油膜厚度

$$h_{\min} = \delta - e = \delta(1 - \chi) = r\psi(1 - \chi) \tag{3-19}$$

当轴承结构参数一定时,计算 $h_{\min}$ 的关键是确定 χ,而 χ 与轴承工作时的流体动力特性直接相关。

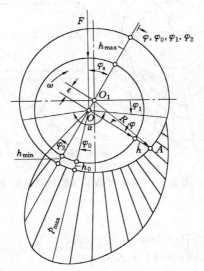

图 3.21 径向轴承的几何参数与油压分布

(3) 径向轴承承载能力

假设轴承宽度为无限宽,在轴承楔形间隙内(图 3.21),设油膜压力的起始角为 φ_1,油膜压力的终止角为 φ_2,在 $\varphi = \varphi_0$,油膜压力达最大。将 $\mathrm{d}x = r\mathrm{d}\varphi, v = r\omega$ 及 h_0、h 之值代入一维雷诺方程可得其极坐标形式如下:

$$\mathrm{d}p = 6\eta\frac{\omega}{\psi^2} \cdot \frac{\chi(\cos\varphi - \cos\varphi_0)}{(1 + \chi\cos\varphi)^3}\mathrm{d}\varphi \qquad \text{N/mm}^2 \tag{3-20}$$

将上式积分,可求任意位置的油膜压力为

$$p = \int_{\varphi_1}^{\varphi}\mathrm{d}p = \int_{\varphi_1}^{\varphi}6\eta\frac{\omega}{\psi^2} \cdot \frac{\chi(\cos\varphi - \cos\varphi_0)}{(1 + \chi\cos\varphi)^3}\mathrm{d}\varphi \qquad \text{N/mm}^2 \tag{3-21}$$

沿外载荷 F 方向单位轴承长度的油膜压力为

$$p_F = \int_{\varphi_1}^{\varphi_2}p\cos[180° - (\varphi + \varphi_a)]r\mathrm{d}\varphi = -\int_{\varphi_1}^{\varphi_2}p\cos(\varphi + \varphi_a)r\mathrm{d}\varphi \qquad \text{N/mm} \tag{3-22}$$

式中 φ_a——外载荷 F 作用的位置角(见图 3.21)。

考虑有限宽度轴承因端泄而影响油膜压力的降低,沿轴承轴向积分,经推导后,可得与外载荷 F 相平衡的油膜总压力为

$$F = \frac{2\eta wrB}{\psi^2}\left\{-2\int_{\varphi_1}^{\varphi_2}\left[\int_{\varphi_1}^{\varphi}\frac{\chi(\cos\varphi-\cos\varphi_0)}{(1+\chi\cos\varphi)^3}\mathrm{d}\varphi\right]K_B[\cos(\varphi_a+\varphi)\mathrm{d}\varphi]\right\} \quad \text{N (3-23)}$$

式中　B——轴承的实际宽度;

　　　K_B——考虑轴承端泄降低油膜压力而引入的系数($K_B<1$),它是轴承宽径比 B/d 及偏心率 χ 的函数。

实际上,轴承为有限宽,其两端必定存在端泄现象,且两端的压力为零。端泄对轴承油膜压力的影响如图 3.22 所示。

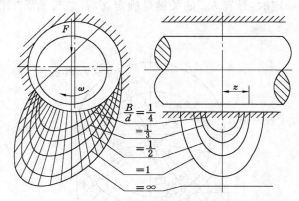

图 3.22　端泄对轴承油膜压力的影响

令式(3-23)中

$$C_F = -2\int_{\varphi_1}^{\varphi_2}\left[\int_{\varphi_1}^{\varphi}\frac{\chi(\cos\varphi-\cos\varphi_0)}{(1+\chi\cos\varphi)^3}\mathrm{d}\varphi\right]K_B[\cos(\varphi_a+\varphi)\mathrm{d}\varphi] \quad (3-24)$$

则得

$$F = \frac{\eta\omega dB}{\psi^2}C_F \quad \text{或} \quad C_F = \frac{F\psi^2}{\eta\omega dB} \quad (3-25)$$

式中,C_F 为承载量系数,是个无量纲系数,为偏心率 χ 和宽径比 B/d 的函数。

在其他条件不变的情况下,h_{min} 越小则偏心率 χ 越大,轴承的承载能力就越大。但最小油膜厚度 h_{min} 不能过小,它受到轴颈和轴承表面粗糙度、轴的刚性及轴承与轴颈的几何形状误差等的限制。为确保轴承处于液体摩擦状态,最小油膜厚度应使轴径与轴瓦分开,即

$$h_{min} \geqslant 4S(R_{a1}+R_{a2}) \quad (3-26)$$

式中　R_{a1}、R_{a2}——分别为轴颈和轴承孔表面轮廓算术平均偏差;

　　　S——安全系数,综合考虑轴颈和轴瓦的制造和安装误差以及轴颈挠曲变形等,常取 $S\geqslant 2$。

3.5.2　实验目的

(1)了解滑动轴承动压油膜形成的过程和摩擦状态。

（2）测量及自动绘制油膜径向压力分布与轴向压力分布曲线，测定其承载量。

（3）了解滑动轴承的摩擦因数的测量方法和摩擦特征系数的绘制。

3.5.3　实验设备与原理

滑动轴承实验台由驱动单元、滑动轴承、加载装置、压力传感器与操作面板等组成，如图 3.23（a）所示。

主轴可实现无级变速，转速范围为 $n = 3 \sim 500$ r/min，数值显示在操作面板上，如图 3.23（b）所示。

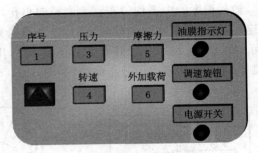

（a）滑动轴承实验台　　　　　　　　　　（b）滑动轴承实验台的操作面板

1—操作面板；2—电动机；3—三角带；4—轴向油压传感器；　　1—序号数码管；2—序号显示触摸按钮；

5—载荷传感器；6—加载杆；7—摩擦力传感器；　　　　　　3—油膜压力数码管；4—主轴转速数码管；

8—径向油压传感器；9—传感器支撑；10—主轴；　　　　　5—摩擦力数码管；6—外加载荷数码管。

11—轴瓦；12—主轴油箱。

图 3.23　滑动轴承实验台与操作面板

加载杆 6 可对轴瓦 11 加载，加载 W 的大小由载荷传感器 5 测出并显示在操作面板上。

主轴瓦上装有测力杆，通过摩擦力传感器 7 得到摩擦力 F 并显示在操作面板上。

主轴瓦前端装有 7 只测油膜径向压力的压力传感器 8，在轴瓦全长的 1/4 处还装有一个测油膜轴向压力的传感器 4。

主轴油箱 12 中充满润滑油，主轴 10 下半轴浸在油中转动时，把润滑油带入主轴 10 与轴瓦 11 之间的楔形间隙中，以便形成压力油膜。

滑动轴承实验台的主要技术参数为：

主轴：直径 $d = 70$ mm，材料为 45 号钢，经表面淬火、磨光；

轴瓦：内径 $D = 70$ mm，有效宽度 $B = 125$ mm；

加载范围：$0 \sim 2\,000$ N；

载荷传感器：量程 2 000 N，精度 0.1%；

摩擦力传感器：精度 0.1%，量程 $0 \sim 50$ N；

油膜压力传感器：精度 0.01%，量程 $0 \sim 0.600$ N/mm²；

测力杆上测力点与轴承中心距离：$L = 120$ mm；

直流电动机：功率 355 W，转速 $n = 1\,500$ r/min；

主轴调速范围：$n = 3 \sim 500$ r/min。

3.5.4 实验步骤

（1）观察液体动压油膜形成

将轴与轴瓦串联在指示灯电路中，当转速较高时，轴与轴瓦之间被润滑油膜完全分开，由于油膜几乎是绝缘体，所以电路断开，指示灯熄灭；当转速较低时，轴与轴瓦为非液体摩擦状态，即部分金属接触，电路接通，指示灯亮或闪动。指示灯熄灭时的转速即为液体动压油膜开始形成的转速。

（2）油膜压力的测定

轴瓦长度的中部均匀布置 7 个径向小孔，如图 3.24（a）所示，每个小孔与一个压力传感器连接，用来测量油膜的径向压力，由此可绘制出油膜径向压力的分布曲线，如图 3.24（b）所示；轴瓦长度的 1/4 处开有 1 个径向小孔，用来测定沿轴向的油膜压力分布情况，由此可绘制出油膜轴向压力的分布曲线，如图 3.24(c)所示。

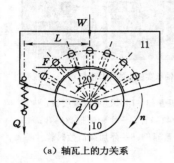
（a）轴瓦上的力关系

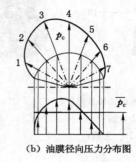
（b）油膜径向压力分布图

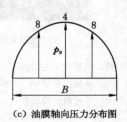
（c）油膜轴向压力分布图

图 3.24　轴瓦上的力关系与油膜径向压力以及轴向压力分布图

调节轴的转速达 350 r/min，旋动螺杆逐渐加载至 $W = 900$ N，待各压力传感器的压力值稳定后，由左至右依次记录各压力传感器的压力值，即轴承周向油膜压力和轴向油膜压力值。

保持轴的转速 350 r/min 不变，加载调节轴承载荷 $W = 700$ N，记录轴承周向油膜压力与轴向油膜压力，绘制轴承周向油膜压力与轴向油膜压力曲线。

实验台配套有仿真软件，可得到液体动压轴承油膜压力周向分布的仿真曲线，以及轴承在不同载荷作用下的最小油膜厚度和偏位角。

（3）摩擦因数的测定

摩擦力传感器测得拉力 Q，主轴瓦上摩擦力的合力 F 与 Q 的关系为 $F = 2LQ/d$，F 与径向压力 W 的近似关系为 $F = Wf$，为此，摩擦因数 $f = 2LQ/(dW)$。

测定摩擦因数与轴承压力、轴转速、润滑油黏度之间的关系。对轴承施加载荷 $W = 700$ N，依次记录转速为 400 r/min、300 r/min、200 r/min、150 r/min、100 r/min、50 r/min、10 r/min 时，摩擦因数 f 的数值。

（4）轴承特征系数的确定

在油膜形成后，轴与轴瓦不直接接触，轴与轴瓦之间的摩擦因数 f 是油膜分子之间的剪切阻力与油膜压力的比值，摩擦因数 f 与油的动力黏度 η，相对转速 n、油膜上的平均

压力 p 相关,定义 $\lambda=\eta n/p$ 为轴承特征系数,以反映它们对摩擦因数 f 的影响。当记录了不同转速下的摩擦因数 f 后,即可计算出轴承特征系数 λ 并绘制 λ-f 曲线。

3.5.5　计算机辅助实验

（1）滑动轴承油膜压力测试与辅助分析

启动实验台电动机,均匀旋动调速按钮,待转速达到一定值后,测定滑动轴承各点的压力值。在油膜压力仿真与测试分析界面上,单击"稳定测试"键,稳定采集滑动轴承各测点的压力数据。测试完后,将给出实测的 8 个压力传感器上的压力值,压力分布曲线自动绘出,同时弹出"另存为"对话框,提示保存。单击"打印"键,弹出打印对话框,选择后,将滑动轴承油膜压力分布曲线图和实测数据打印出来。

（2）滑动轴承摩擦特征仿真与测试

均匀旋动调速按钮,使转速在 $375\sim2$ r/min 之间变化,测定滑动轴承所受的摩擦力矩。在摩擦特征仿真与测试分析界面上,单击"稳定测试"键,稳定采集滑动轴承各测点的压力数据。测试完后,绘制滑动轴承摩擦特征实测仿真曲线图,单击"打印"键,弹出"打印"对话框,选择后,将滑动轴承摩擦特性曲线图和实测数据打印出来。

3.6　机械传动性能测试实验

机械传动性能测试实验是基于基本传动单元自由组装、利用传感器获取相关信息、采用工控机控制实验对象的综合性实验。它可以测量用户自行组装的机械传动装置的速度、转矩、传动比、功率与机械效率,具有数据采集与处理、输出结果数据与曲线等功能。

3.6.1　预备知识

（1）机械传动分类

机械传动分类如图 3.25 所示。

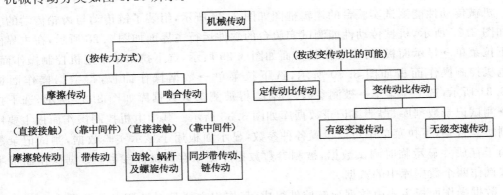

图 3.25　机械传动分类

（2）机械传动性能指标

机械传动性能指标如表 3.2 所示。

表 3.2 机械传动性能指标

传动类型	功率 P/kW		效率 η(未计入轴承中摩擦损失)	
	使用范围	常用范围	闭式传动	开式传动
圆柱齿轮及圆锥齿轮传动(单级)	极小~60 000	—	0.96~0.99	0.92~0.95
蜗杆传动	可达 800	20~50		
自锁的			0.40~0.45	0.30~0.35
非自锁的,蜗杆头数为				
$Z_1=1$			0.70~0.80	0.60~0.70
$Z_1=2$			0.80~0.85	
$Z_1=4,6$			0.85~0.92	
链传动	可达 4 000	100 以下	0.97~0.98	0.90~0.93
带传动				
平带	1~3 500	20~30		0.94~0.98
V 带	可达 1 000	50~100		0.92~0.97
同步带	可达 300	10 以下		0.95~0.98
摩擦轮传动	很小至 200	20 左右	0.90~0.96	0.80~0.88

3.6.2 实验目的

(1)通过测试常见机械传动装置(如带传动、链传动、齿轮传动、蜗杆传动等)在传递运动与动力过程中的速度、转矩、传动比、功率及机械效率等,加深对常见机械传动性能的认识与理解。

(2)通过测试由常见机械传动组成的不同传动系统的机械参数,掌握机械传动合理布置的基本要求。

(3)通过实验认识机械传动性能测试实验台的工作原理,提高计算机辅助实验能力。

3.6.3 实验原理

机械传动性能测试实验台的逻辑框图如图 3.26 所示,组装了链传动与齿轮传动的实验台如图 3.27 所示,机械传动性能测试实验台的软件运行主界面如图 3.28 所示,在主界面里选下拉菜单→显示面板,得显示面板界面如图 3.29 所示,选下拉菜单→电机控制操作面板,得电机控制操作面板如图 3.30 所示,选下拉菜单→数据操作面板,得数据操作面板如图 3.31 所示,选下拉菜单→被测参数数据库,得被测参数数据库如图 3.32 所示,选下拉菜单→测试记录数据库,得测试记录数据库如图 3.33 所示。其中电机控制操作面板主要用于控制实验台架,下拉菜单中可以设置各种参数,显示面板用于显示实验数据,测试记录数据库用于存放并显示临时测试数据,被测参数数据库用来存放被测参数,数据操作面板主要用来操作两个数据库中的数据。

数据操作面板主要由数据导航控件组成,其作用主要是对被测参数数据库和测试记录数据库中的数据进行操作。

电机控制操作面板由电机转速调节框、被测件参数装入按钮、测试参数自动采样按钮、停止采样按钮、手动采样按钮、主电机电源开关按钮、电机负载调节框及负载满度调节滑杆组成。

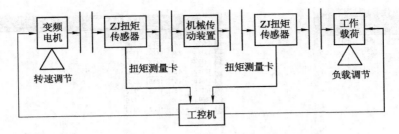

图 3.26　机械传动性能测试实验台的逻辑框图

图 3.27　组装了链传动与齿轮传动的实验台

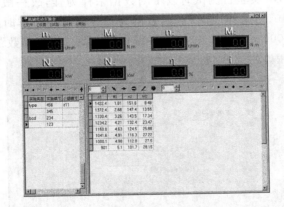

图 3.28　机械传动性能测试实验台的软件运行主界面

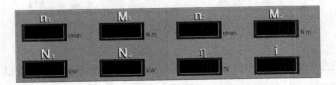

图 3.29　显示面板界面

图 3.30　电机控制操作面板

图 3.31　数据操作面板

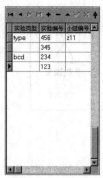

图 3.32　被测参数数据库

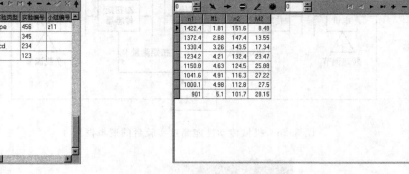

图 3.33　测试记录数据库

下拉菜单由文件、设置菜单、试验菜单、分析菜单四部分组成。

文件主菜单内包括退出系统菜单项,选择此菜单项将退出本软件系统。设置主菜单内包括"基本试验常数""选择测试参数""设定转矩转速传感器参数""配置流量传感器串口参数""设定压力温度等传感器参数"菜单项。

选择"基本试验常数"菜单项,系统弹出"设置报警参数"对话框,如图 3.34 所示。可根据实际情况进行参数的选择输入,其中"定时记录数据"框内的数据为计算机对试验数据采样的时间,单位为分钟,本实验台测试时以手动数据采样为佳,故一般"定时记录数据"框内数据设置为 0 或大于 10。"采样周期"框内数据为计算机自动采样时连续采集两个采样点时间间隔的时间,定为 1 000 ms 即可。"第一报警参数""第二报警参数"框可不予理睬。

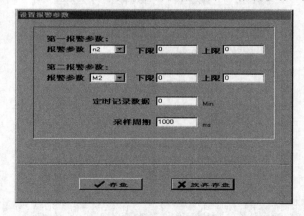

图 3.34　"设置报警参数"对话框

选择"选择测试参数"菜单项,系统弹出"选择试验时应显示的测试参数"对话框,如图 3.35 所示。根据实验时的需要选择显示的参数,开始测试时计算机将根据用户的选择来显示相应的数据。本实验台如无压力、温度、流量测试项目的话,可供显示的试验参数共 8 项,如图 3.35 中对话框内打钩的选项。

选择"设定转矩转速传感器参数"菜单项时,系统弹出"设置扭矩转速传感器参数"对话框,如图 3.36 所示。根据输入端扭矩传感器和输出端扭矩传感器铭牌上的标识,正确填写对话框内的系数、扭矩量程和齿数。在输入小电机转速时,必须先启动传感器上的小电机,

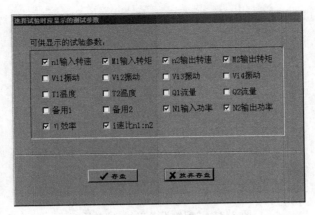

图 3.35 "选择试验时应显示的测试参数"对话框

此时测试台架的主轴应处于静止状态,按下小电机转速右边的齿轮图标按钮,计算机将自动检测小电机转速,并填入该框内。当主轴转速低于 100 r/min 时,必须启动传感器上的小电机,且小电机转向必须与主轴相反。机械台架每次重新安装后都需要进行扭矩的调零,但是没必要每次测试都进行调零。调零时要注意,输入与输出一定要分开调零。调零分为精细调零和普通调零,当进行精细调零时,要先断开负载和联轴器,然后主轴开始转动,进行输入调零,接下来接上联轴器,主轴转动,进行输出调零。当进行普通调零时无须断开联轴器,直接开动小电机进行调零。但小电机转动方向必须与主轴转动方向相反,处于零点状态时用户只需按下调零框右边的钥匙状按钮,便可自动调零。

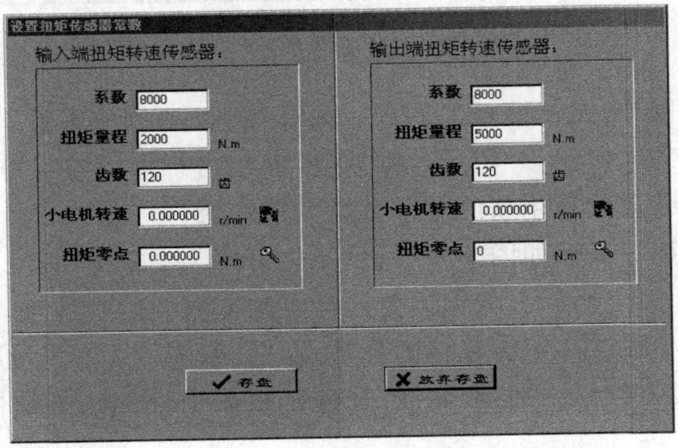

图 3.36 "设置扭矩转速传感器参数"对话框

选择"配置流量传感器串口参数"时,系统将会弹出"配置设备串行口"对话框,如图 3.37 所示。根据实际情况,本实验台测试时,无须理睬此对话框。

选择"设定压力温度等传感器参数"时,系统将弹出"传感器常数"对话框,如图 3.38 所示。用户可根据传感器的使用说明进行正确配置并调节零点。如实验台没有压力、温度测试内容,则可不理睬此对话框。

"试验"主菜单下拉对话框如图 3.39 所示。"主电机电源"菜单项相当于电机控制操作面板上的主电机电源按钮。输入端、输出端小电机正反转电源四个菜单项,可分别控制输入端、输出端传感器上小电机的正反转,以保证测试时小电机转向同主轴转向相反。"开始采

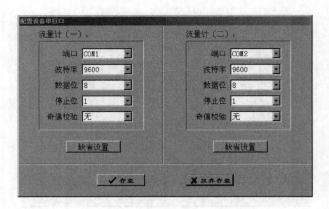

图 3.37 "配置设备串行口"对话框

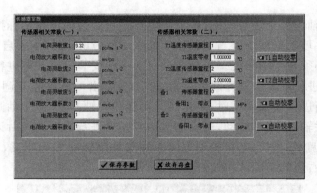

图 3.38 "传感器常数"对话框

样"菜单项相当于电机控制操作面板上的开始采样按钮。"停止采样"菜单项相当于电机控制操作面板上的停止采样按钮。"记录数据"菜单项相当于电机控制操作面板上的手动记录数据。"覆盖当前记录"菜单项用新的记录替换当前记录。

　　"分析"主菜单下拉对话框如图 3.40 所示。打开"绘制曲线"选项，系统会弹出"绘制曲线选项"对话框，如图 3.41 所示。根据需要选择要绘制曲线的参数项，其中"标记采样点"的作用是在曲线图上用小圆点标记出数据的采样点，"曲线拟合算法"为用数学方法将曲线进行预处理，以便分析试验数据。"绘制曲线"选项可根据用户的选择绘制出整个试验采样数据的曲线图。

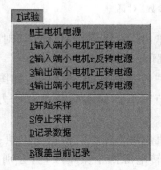

图 3.39 "试验"主菜单下拉对话框

图 3.40 "分析"主菜单下拉对话框

图 3.41 "绘制曲线选项"对话框

3.6.4 实验内容

机械传动性能测试实验台可完成多类实验项目(表 3.3、表 3.4),如可对转速 n(r/min)、扭矩 T(N·m)、功率 N(kW)进行测试,并可自动绘制相关参数之间的曲线,可对被测机械传动装置的传动性能进行分析。

表 3.3 机械传动性能测试实验台可完成的实验项目

类型编号	实验项目名称	被测对象	项目适用对象	备 注
A	典型机械传动装置性能测试实验	在带传动、链传动、齿轮传动、摆线针轮传动、蜗杆传动等中选择	本科	
B	组合传动系统布置优化实验	由典型机械传动装置自行组合,设计出实验对象	本科	部分被测试件另购
C	新型机械传动性能测试实验	新开发出的机械传动装置	研究生	部分被测试件另购

表 3.4 机械传动装置及其组合布置方案

实验编号	组合布置方案 E1	组合布置方案 E2
B1	V 带传动—齿轮减速器	齿轮减速器—V 带传动
B2	同步带传动—齿轮减速器	齿轮减速器—同步带传动
B3	链传动—齿轮减速器	齿轮减速器—链传动
B4	带传动—蜗杆减速器	蜗杆减速器—带传动
B5	链传动—蜗杆减速器	蜗杆减速器—链传动
B6	V 带传动—链传动	链传动—V 带传动
B7	V 带传动—摆线针轮减速器	摆线针轮减速器—V 带传动
B8	链传动—摆线针轮减速器	摆线针轮减速器—链传动

3.6.5　实验设备

机械传动性能测试实验台为模块化组装形式,机械传动中的基本模块为直齿圆柱齿轮减速器、摆线针轮减速器、蜗杆减速器、V 带传动、齿形带传动、套筒滚子链传动与联轴器,测控中的基本模块为转矩转速传感器、变频调速电机、加载装置与工控机等。

机械传动性能测试实验台的主要技术指标如下。

（1）动力部分

① 变频调速电机:额定功率 0.55 kW,同步转速 1 500 r/min,输入电压 380 V。

② 变频器:输入规格 AC 3PH 380～460 V 50/60 Hz,输出规格 AC 0～240 V 1.7 kV・A 4.5 A;变频范围 2～200 Hz。

（2）测试部分

① ZJ10 型转矩转速传感器:额定转矩 10 N・m,转速范围 0～6 000 r/min。

② ZJ50 型转矩转速传感器:额定转矩 50 N・m,转速范围 0～5 000 r/min。

③ TC-1 转矩转速测试卡:扭矩测试精度 ±0.2%FS,转速测量精度±0.1%。

④ PC-400 数据采集控制卡。

（3）被测部分

① 直齿圆柱齿轮减速器:减速比 $i=\omega_1/\omega_2=Z_2/Z_2=95/19$,模数 $m_n=1.5$ mm,中心距 $a=85.5$ mm。

② 摆线针轮减速器:减速比 $i=\omega_1/\omega_2=9$。

③ 蜗轮减速器:减速比 $i=\omega_1/\omega_2=10$,蜗杆头数 $Z_1=1$,中心距 $a=50$ mm。

④ 同步带传动:带轮齿数 $Z_1=18$, $Z_2=25$,节距 $p=9.525$ mm,L 型同步带 $3×14×80$,$3×14×95$。

⑤ V 带传动:带轮基准直径 $D_1=70$ mm,$D_2=115$ mm,带基准长度 $L_d=900$ mm;带轮基准直径 $D_1=76$ mm,$D_2=145$ mm,带基准长度 $L_d=900$ mm;带轮基准直径 $D_1=70$ mm,$D_2=88$ mm,带基准长度 $L_d=630$ mm。

⑥ 链传动:链轮齿数 $Z_1=17$,$Z_2=25$,滚子链 08A-1×72,滚子链 08A-1×52,滚子链 08A-1×66。

（4）加载部分

FZ-5 型磁粉制动(加载)器:额定转矩 50 N・m,激磁电流 0～2 A,允许滑差功率 1.1 kW。

本实验台采用自动控制测试技术,所有电机程控启停,转速及负载程控调节,用两个扭矩测量卡进行采样,测量精度达到±0.2%FS,自动进行数据采集处理、输出实验结果。

（5）测控部分

本实验台采用工控机进行自动控制测试,所有电机程控启停,转速及负载程控调节,用两个扭矩测量卡进行采样,测量精度达到±0.2%FS,自动进行数据采集处理、输出实验结果与图形。

3.6.6　实验步骤

（1）确定实验类型与实验内容

① 选择实验 A（典型机械传动装置性能测试实验）时,可从 V 带传动、同步带传动、套

筒滚子链传动、圆柱齿轮减速器、蜗杆减速器中,选择 1 至 2 种进行传动性能测试实验。

② 选择实验 B(组合传动系统布置优化实验)时,首先要确定选用的典型机械传动装置,然后设计出几种组合布置方案,对所设计的方案进行比较,最后选优实验,如表 3.4 所示。

③ 选择实验 C(新型机械传动性能测试实验)时,首先要了解被测机械的功能与结构特点。

④ 布置、安装被测机械传动装置。注意选用合适的调整垫块,确保传动轴之间的同轴度要求。

⑤ 按《实验台使用说明书》要求对测试设备进行调零,以保证测量精度。

(2) 测试阶段

① 打开实验台电源总开关和工控机电源开关。

② 点击 Test 显示测试控制系统主界面,熟悉主界面的各项内容。

③ 键入实验教学信息表:实验类型、实验编号、小组编号、实验人员、指导老师、实验日期等。

④ 点击"设置",确定实验测试参数:转速 n_1、n_2,扭矩 M_1、M_2 等。

⑤ 点击"分析",确定实验分析所需项目:曲线选项、绘制曲线、打印表格等。

⑥ 启动主电机,进入"试验"。使电动机转速加快至接近同步转速后,进行加载。加载时要缓慢平稳,否则会影响采样的测试精度;待数据显示稳定后,即可进行数据采样。分级加载,分级采样,采集数据 10 组左右即可。

⑦ 从"分析"中调看参数曲线,确认实验结果。

⑧ 打印实验结果。

⑨ 结束测试,注意逐步卸载,关闭电源开关。

(3) 分析阶段

对实验结果进行分析,对于实验 A 和实验 C,重点分析机械传动装置传递运动的平稳性和传递动力的效率;对于实验 B,重点分析不同的布置方案对传动性能的影响。

整理实验报告,实验报告的内容应包括测试数据(表)、参数曲线;对实验结果的分析;实验中的新发现、新设想或新建议。

3.7　减速器的拆装与分析实验

减速器是将原动机的运动与动力传递并变换到工作机的独立工作单元。通过对减速器进行拆装,认识轴与其相关零件之间的几何关系、定位及固定关系、装配关系与配合关系,认识减速器的结构与功能之间的关系。

3.7.1　预备知识

(1) 减速器附件

完整的减速器,其箱体上应设置有窥视孔及窥视孔盖、通气器、轴承盖、定位销、启盖螺钉、油标、放油孔及放油螺塞、起吊装置等附件。

(2) 减速器类型

减速器的种类很多,根据传动类型分为齿轮减速器、蜗杆减速器、齿轮-蜗杆减速器及行星齿轮减速器等；根据齿轮类型分为圆柱齿轮减速器、圆锥齿轮减速器和圆锥-圆柱齿轮减速器；根据传动的级数分为单级减速器和多级减速器；根据传动布置型式分为展开式减速器、分流式减速器和同轴式减速器。另外，根据减速器的输入端与输出端是否在减速器的同一侧，还有同向、异向之分。工业上常用减速器的类型、特点及应用见表 3.5。

表 3.5　工业上常用减速器的类型、特点及应用

类　型		运动简图	推荐传动比范围	特点及应用
	单级	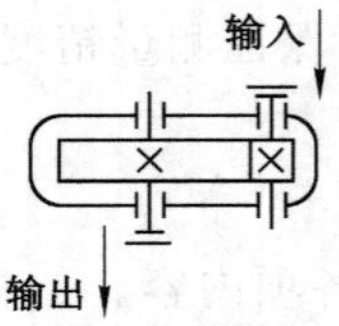 输入↓ / 输出↓	$1 \leqslant i \leqslant 8 \sim 10$	轮齿可制成直齿、斜齿和人字齿，结构简单，精度容易保证，应用较广 直齿用于圆周速度较低（$v \leqslant 8$ m/s）或负荷较轻的传动；斜齿、人字齿用于圆周速度较高（$v = 25 \sim 50$ m/s）或负荷较重的传动
圆柱齿轮减速器	展开式	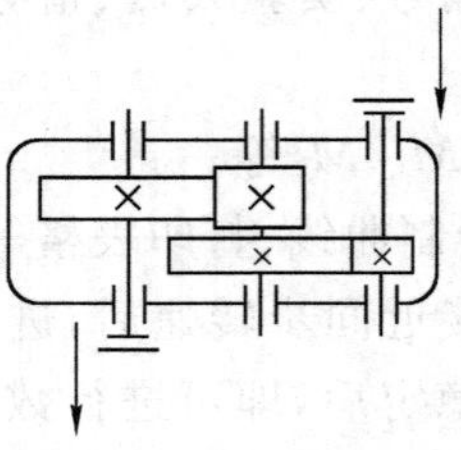	$8 \leqslant i \leqslant 60$	是二级减速器中最简单的一种。齿轮相对于轴承的位置不对称，当轴产生弯曲变形时，载荷沿齿宽分布不均匀，因此轴应具有较大刚度。高速级齿轮最好远离输入端，这样，轴在转矩作用下产生的扭转变形能减弱因轴的弯曲变形所引起的载荷沿齿宽分布不均的现象。高速级可制成斜齿，低速级可制成直齿
	分流式	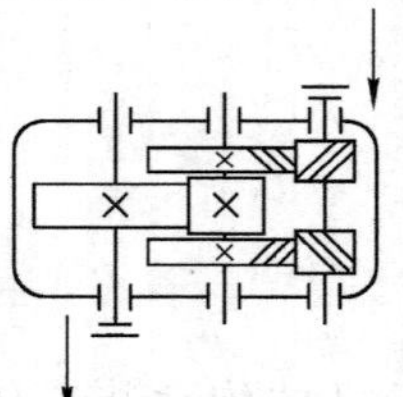 (a) 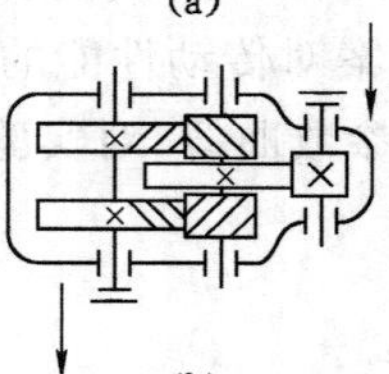 / (b)	$8 \leqslant i \leqslant 60$	齿轮对于轴承对称布置，因此载荷沿齿宽分布均匀，轴承受载也平均分配，中间轴危险截面上的转矩相当于轴所传递扭矩的一半 图（a）高速级采用斜齿，低速级可以制成人字齿或直齿。结构较复杂，用于变载荷场合 图（b）高速级采用人字齿，低速级采用斜齿。受转矩较大的低速级载荷分布不如图（a）均匀，不适于变载荷下工作，故较少应用
二级	同轴式	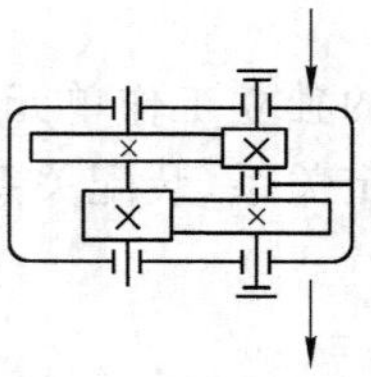	$8 \leqslant i \leqslant 60$	箱体长度较小，当传动比分配适当时，两对齿轮浸入油中深度大致相同。减速器的轴向尺寸以及质量较大，高速级齿轮的承载能力较难充分利用；中间轴承润滑困难；中间轴较长，刚性差，载荷沿齿宽分布不均
			$8 \leqslant i \leqslant 60$	每个齿轮只传递全部载荷的一半，输入和输出轴只传递转矩，中间轴仅受全部载荷的一半，故与传递同样功率的其他减速器比较，轴径尺寸可缩小

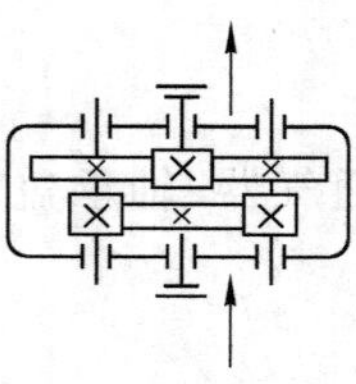

表 3.5(续)

类　型		运动简图	推荐传动比范围	特点及应用
圆柱齿轮减速器	三级 展开式		50≤*i*≤300	同二级展开式
	三级 分流式			同二级分流式
单级圆锥齿轮减速器			1≤*i*≤8～10	用于两轴线垂直相交的传动,可设计成卧式或立式(由传动布置决定)。圆锥齿轮制造安装较复杂
圆锥圆柱齿轮减速器	二级		直齿锥齿轮 8≤*i*≤22 斜齿及弧齿锥齿轮 8≤*i*≤40	其特点同单级圆锥齿轮减速器。圆锥齿轮应配置在高速级,以使圆锥齿轮尺寸不致太大,否则加工困难;圆柱齿轮可制成直齿或斜齿
	三级		25≤*i*≤75	其特点同二级圆锥-圆柱齿轮减速器
蜗杆减速器	单级 蜗杆下置式		10≤*i*≤80	啮合处冷却和润滑条件好,蜗杆轴承润滑也较方便,当蜗杆圆周速度太大时,搅油损耗较大,一般用于蜗杆圆周速度 *v*<5 m/s 时
	单级 蜗杆上置式			蜗杆在蜗轮的上部,故拆装方便,蜗杆圆周速度允许高些,且金属磨粒不易进入啮合处,当蜗杆圆周速度 *v*>4～5 m/s 时,最好采用这种型式
	单级 蜗杆侧置式			蜗杆在侧边,且蜗轮轴是竖直的,一般用于水平旋转机构的传动(如旋转起重机)

表 3.5(续)

类型		运动简图	推荐传动比范围	特点及应用
蜗杆减速器	二级		$43 \leqslant i \leqslant 3\ 600$	传动比大,结构紧凑,但效率较低。为使高速级和低速级传动浸入油中深度大致相等,应使高速级中心距 a_I 大约等于低速级中心距 a_{II} 的一半左右
齿轮-蜗杆减速器	二级		$15 \leqslant i \leqslant 480$	齿轮传动分在高速级和在低速级两种型式。前者结构紧凑,后者效率较高,寿命较长
行星齿轮减速器	单级 NGW		$2.8 \leqslant i \leqslant 12.5$	与普通圆柱齿轮减速器相比,尺寸小,质量轻,但制造精度要求较高,结构较复杂,在要求结构紧凑的动力传动中应用广泛
	二级 NGW		$14 \leqslant i \leqslant 160$	其特点与单级 NGW 型相同,传动比较大

3.7.2 实验目的

(1) 了解减速器的结构与功能。

(2) 了解各零件功能及零件之间的装配关系。

(3) 了解减速器各附件的结构、安装位置与作用。

(4) 测定减速器的主要零件尺寸、主要参数和精度。

3.7.3　实验设备

（1）减速器

单级、二级、多级圆柱齿轮减速器，齿轮-蜗杆减速器，行星齿轮减速器，二级展开式齿轮减速器（图 3.42）。

图 3.42　二级展开式齿轮减速器

（2）工具

游标卡尺，钢板尺，活动扳手和呆扳手，十字螺丝刀和一字螺丝刀等。

3.7.4　实验步骤（以展开式、分流式二级齿轮减速器为例）

（1）观察展开式、分流式二级齿轮减速器的外部形状，判断传动方式、级数、输入输出轴等。

（2）拧下箱盖与箱体间的连接螺栓，拔出定位销，借助启盖螺钉打开箱盖。

（3）边拆卸边观察，并对箱体形状、轴上零件的定位固定方式及装配关系、润滑密封方式、箱体附件（如通气器、油标、油塞、启盖螺钉、定位销等）的结构特点和作用、位置要求、加工方法和零件材料等进行比较。

（4）画传动示意图，测定减速器的主要参数 a、m、Z_1、Z_2 等，将测得的参数或计算出来的参数记录于实验报告表中，传动示意图中也相应注明必要的参数。

（5）仔细观察减速器箱体及轴承结构，了解减速器结构设计中拆装的要求及注意的问题。

（6）将减速器复原装好。

3.7.5　检验齿侧间隙与接触精度

（1）齿轮副的侧隙分为周向侧隙 j_t 与法向侧隙 j_n。在齿侧之间插入一铅丝，其直径稍大于所估计的侧隙，转动齿轮碾压轮齿之间的铅丝，铅丝变形部分的厚度即为法向侧隙 j_n。用游标卡尺测出其厚度，与齿轮设计中规定的侧隙进行对比，检验是否符合要求。

（2）接触斑点是指装配好的齿轮副慢慢转动后，齿面上分布的接触擦亮的痕迹。

接触斑点的检验是在主动轮的 3～4 个齿面上均匀地涂上一薄层红丹粉，用手转动主动轮数周，测量从动轮齿表面分布的接触斑点，如图 3.43 所示。接触斑点的大小在齿面展开图上用百分比计算。沿齿长方向接触斑点的长度 b''（扣除超过模数值的断开部分 c）与工作长度 b' 之比称为齿长方向的接触斑点，即 $(b''-c)/b' \times 100\%$。沿齿高方向接触斑点的长度 h'' 与工作高度 h' 之比称为齿高方向的接触斑点，即 $h''/h' \times 100\%$。检查计算结果是否符合 GB/Z 18620.4—2008 标准中所规定的接触斑点的精度要求。

图 3.43　渐开线齿轮的接触斑点

（3）测量与调整轴承的轴向间隙。将轴推至一端，将百分表固定在轴的另一端，将轴推至另一端，百分表所指出的量即为轴向间隙的大小。检查测量结果是否符合规定要求，如不符合要求，则可用增减轴承端盖处垫片的方法进行调整（对嵌入式端盖可通过调整螺钉或调整环来调整轴向间隙）。

（4）记录实验结果和计算数据。

3.8　组合式轴系结构设计与分析实验

轴作为支承其他零件并可能传递转矩的一个零件，不仅要满足所装零件的装配需要、定位需要与配合需要，而且要满足弯曲强度与刚度、扭转强度与刚度的需要。通过组合式轴系结构设计与分析实验，认识轴与相关零件之间的尺寸关系。

3.8.1　预备知识

（1）轴的结构设计

轴的结构设计是根据轴上零件的安装、定位以及轴的制造工艺等方面的要求，合理地确定轴的结构型式和尺寸及公差配合、粗糙度等。

轴的结构应满足：轴和装在轴上的零件要有准确的工作位置；轴上的零件应便于装拆和调整；轴应具有良好的制造工艺性；等等。

拟定轴上零件的布置方案：不同的布置方案可以导致不同的轴的结构型式。因此，在拟定布置方案时，一般应考虑几个方案，进行分析比较，选择最佳方案。

轴上零件的定位：为了防止轴上零件受力时发生沿轴向或周向的相对运动，轴上的零件除了有游动或空转的要求外，都必须进行轴向和周向定位，以保证其准确的工作位置。

① 零件的轴向定位

零件在轴上的轴向定位形式如表 3.6 所示。

表 3.6　零件在轴上的轴向定位(固定)形式

形式	简　图	特　点
轴肩		方便可靠,多用于轴向力较大的场合。 为了使零件能靠紧轴肩而得到准确可靠的定位,轴肩处的过渡圆角半径 r 必须小于与之相配的零件毂孔端部的圆角半径尺寸或倒角尺寸 C。滚动轴承轴肩的高度可查手册中轴承的安装尺寸
套筒		结构简单,定位可靠,轴上不需开槽、钻孔和切制螺纹,因而不影响轴的疲劳强度,一般用于轴上两个间距不大零件之间的定位
圆螺母		承受大的轴向力,但轴上螺纹处有较大的应力集中,会降低轴的疲劳强度,故一般用于固定轴端的零件。当轴上两零件间距离较大不宜使用套筒定位时,也常采用圆螺母定位
轴端挡圈		适用于固定轴端零件,可以承受较大的轴向力。定心精度较高,拆卸较容易
轴承端盖		轴承端盖用螺钉或榫槽与箱体连接而使滚动轴承的外圈得到轴向定位。在一般情况下,整个轴的轴向定位也常利用轴承端盖来实现
弹性挡圈		结构紧凑简单,常用于滚动轴承的轴向固定,但不能承受轴向力

② 零件的周向定位

周向定位的目的是限制轴上零件与轴发生相对转动。常用的周向定位零件有键、花键、销、紧定螺钉以及过盈配合等,其中紧定螺钉只用在传力不大之处。

(2)滚动轴承结构设计

为保证轴承正常工作,除正确选择轴承类型和确定型号外,还需合理设计轴承的组合。滚动轴承的组合设计主要是正确解决轴承的布置、安装、紧固、调整、润滑和密封等问题。

① 滚动轴承支承结构型式

为了使轴系件相对机座有确定的位置并能承受轴向载荷,轴承必须得到轴向固定。常见的两支承轴向固定结构型式如下:

(i) 两端单向固定

这种支承结构简单,适用于温度变化不大的短轴。如图 3.44 所示。

(ii) 一端双向固定、一端游动

作为固定支承的轴承,其内外圈在轴向都要固定。作为补偿轴热膨胀的游动支承,如果使用的是内外圈不可分离的轴承,只需固定内圈,外圈在轴承孔内应可以轴向游动;如果使用的是可分离型圆柱滚子轴承或滚针轴承,则内外圈都要双向固定。如图 3.45 所示。

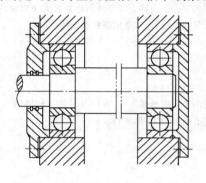

图 3.44　两端单向固定

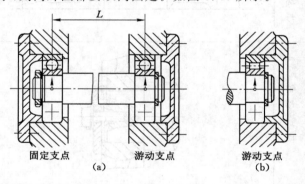

固定支点　　　游动支点
(a)

游动支点
(b)

图 3.45　一端双向固定、一端游动

(iii) 两端游动

对于人字齿轮传动,小人字齿轮轴为两端游动支承,其轴向位置由两人字齿轮啮合来确定,大人字齿轮轴则为两端单向固定支承。如果小人字齿轮轴不是全游动的,则由于轮齿螺旋角的制造误差,会造成齿轮啮合时卡死或左右螺旋齿受力不均。如图 3.46 所示。

② 滚动轴承的轴向固定

滚动轴承支承的固定,要通过轴承内圈与轴、外圈与机座的轴向紧固方式来实现。

(i) 内圈常用的紧固方法

如图 3.47 所示,内圈常用的紧固方法

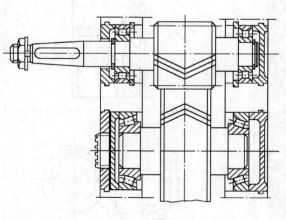

图 3.46　两端游动

有:图(a)用于轴用弹性挡圈嵌在轴的沟槽内紧固,主要用于轴向力不大及转速不高的深沟球轴承紧固;图(b)用于螺钉固定的轴端挡圈紧固,结构简单,易于加工;图(c)用圆螺母和止退垫圈紧固,主要用于轴承转速高、承受较大轴向力的情况;图(d)用紧定衬套、止退垫圈和圆螺母紧固,用于光轴上轴向力和转速都不大且具有内锥孔的调心轴承。内圈的另一端通常靠轴肩来固定。为了方便轴承的拆卸,轴肩的高度应低于轴承内圈的厚度。

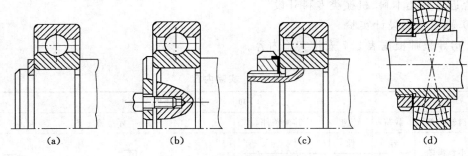

图 3.47　内圈常用的紧固方法

(ii) 外圈常用的紧固方法

如图 3.48 所示,外圈常用的紧固方法有:图(a)利用嵌入轴承座孔内的孔用弹性挡圈固定,主要用于轴向力不大且需要减小轴承组合尺寸的情况;图(b)用止动环嵌入轴孔外圈止动槽内固定,用于当轴承孔不便做凹槽和凸肩且外壳为剖分式结构时;图(c)用轴承端盖紧固;图(d)用螺纹环紧固,用于需要调整外圈位置,不适用于使用轴承端盖紧固情况。

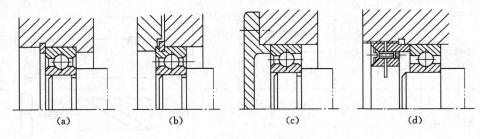

图 3.48　外圈常用的紧固方法

③ 滚动轴承的游隙调整

为保证轴承正常运转,通常在轴承内部留有适当的轴向和径向游隙。游隙的大小对轴承的回转精度、寿命、效率、噪音等有很大影响,在轴承组合设计中要从结构上保证轴承游隙能方便调整。常用的游隙调整的方法有:a. 垫片调整;b. 螺钉调整;c. 圆螺母调整。

3.8.2　实验目的

(1) 熟悉并掌握有关轴的结构设计要求、常用轴系结构。
(2) 熟悉轴上零件的常用定位与固定方法。
(3) 熟悉轴承的类型、布置、安装、调整以及润滑和密封方式。

3.8.3　实验设备

(1) 组合式轴系结构设计与分析实验箱,可提供圆柱齿轮轴系、小圆锥齿轮轴系及蜗杆轴系结构设计实验的全套零件,并进行模块化轴段设计,组装不同结构的轴系部件。

（2）游标卡尺、300 mm 钢板尺、内外卡钳、铅笔、三角板等绘图工具。

3.8.4 实验内容与要求

第一类型的实验为轴系结构设计,适合机械类本科开设;第二类型的实验为轴系结构分析,适合近机械类本科、机械类专科开设。

（1）轴系结构设计实验

① 指导教师根据表 3.7 安排实验内容。

表 3.7 实验内容

实验题号	已 知 条 件				
	齿轮类型	载荷	转速	其他条件	示 意 图
1	小直齿轮	轻	低		
2		中	高		60　60　70
3	大直齿轮	中	低		
4		重	中		
5	小斜齿轮	轻	中		
6		中	高		60　60　70
7	大斜齿轮	中	中		
8		重	低		
9	小锥齿轮	轻	低	锥齿轮轴	
10		中	高	锥齿轮与轴分开	70　82　30
11	蜗　杆	轻	低	发热量小	
12		重	中	发热量大	L

② 进行轴的结构设计与滚动轴承组合设计。根据实验题号的要求,进行轴系结构设计,解决轴承类型选择、轴上零件的定位与固定、轴承的安装与调节、润滑与密封等问题。

③ 绘制轴系结构装配图并编写实验报告。

（2）轴系结构分析实验

① 指导教师给每组指定实验内容。

② 分析并测绘轴系部件,画出轴系部件图。

③ 编写实验报告。

3.8.5 实验步骤

（1）轴系结构设计实验

① 明确实验内容,理解设计要求。

② 复习有关轴的结构设计与轴承组合设计的内容与方法(参阅教材相关章节)。

③ 构思轴系结构设计方案。以下因素要着重考虑:齿轮的类型影响滚动轴承类型的选择;齿轮的圆周速度(高、中、低)确定轴承的润滑方式(脂润滑、油润滑);滚动轴承的类型与受力方式影响支承的结构(两端固定;一端固定、一端游动);轴承端盖的形式(凸缘式、嵌入式)影响加工过程与密封方式(毡圈、皮碗、油沟等)。

④ 组装轴系部件。根据轴系结构方案,从实验箱中选取合适零件并组装成轴系部件,检查所设计组装的轴系结构是否正确。

⑤ 绘制轴系结构草图。

⑥ 测量零件结构尺寸(支座不用测量),并作好记录。

⑦ 将所有零件放入实验箱内的规定位置,交还所借工具。

⑧ 根据结构草图及测量数据,在 3 号图纸上用 1∶1 比例绘制轴系结构装配图,要求装配关系表达正确,注明必要尺寸(如支承跨距、齿轮直径与宽度、主要配合尺寸),填写标题栏与明细表。

⑨ 撰写实验报告。

(2) 轴系结构分析实验

① 明确实验内容,复习轴的结构设计及轴承组合设计等内容。

② 观察与分析轴承的结构特点。

③ 绘制轴系装配示意图或结构草图。

④ 测量轴系主要装配尺寸(如支承跨距)和零件主要结构尺寸(支座不用测量)。

⑤ 装配轴系部件恢复原状,整理工具。

⑥ 根据装配草图和测量数据,绘制轴系部件装配图。

⑦ 撰写实验报告。

图 3.49、图 3.50 给出了小圆锥齿轮轴系设计的两种方案,图 3.51 至图 3.53 给出了圆柱直齿轮轴系设计的三种方案,图 3.54、图 3.55 给出了蜗杆轴系设计的两种方案,它们都是为了满足装配与调节需要、定位与固定需要、润滑与密封需要而被设计出来的。

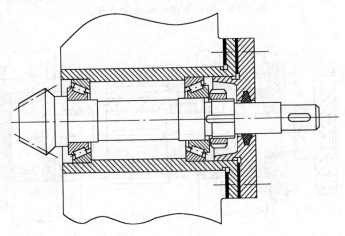

图 3.49　小圆锥齿轮轴系设计方案之一

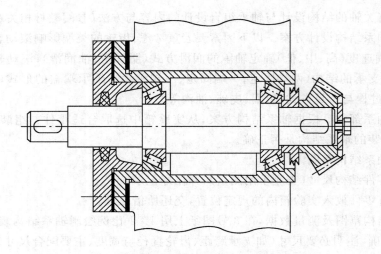

图 3.50　小圆锥齿轮轴系设计方案之二

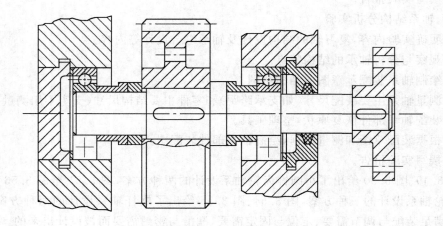

图 3.51　圆柱直齿轮轴系设计方案之一

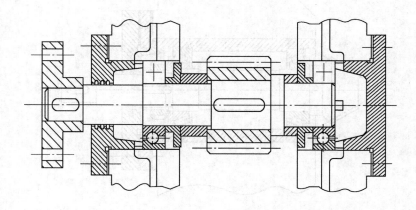

图 3.52　圆柱直齿轮轴系设计方案之二

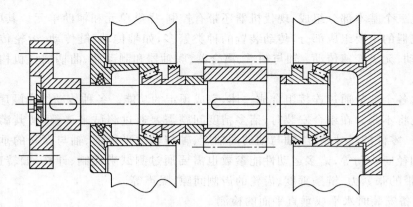

图 3.53　圆柱直齿轮轴系设计方案之三

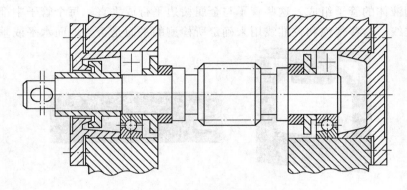

图 3.54　蜗杆轴系设计方案之一

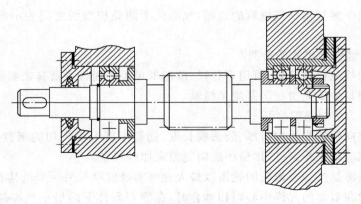

图 3.55　蜗杆轴系设计方案之二

3.9　机械系统创新组合搭接综合实验

3.9.1　预备知识

　　机器是一种可用来变换或传递能量、物流与信息的机构的组合。机器由原动机、传动装置及工作机三个基本部分组成,现代机器还带有控制-操纵单元和辅助单元。其中传动装置是大多数机器的主要组成部分,传动装置的种类繁多,如带传动、链传动、齿轮传动、蜗杆传动、螺旋传动、无级变速传动、轴与轴承、离合器、联轴器和制动器、曲柄摇杆机构、曲柄滑块机构等。

机器的各个部分通过连接组合成一体,完成预定的功能。各种传动组合顺序不同,传动系统的性能将不同。在组合安装时,诸多精度问题需要通过测试来调整,使其满足要求,如基座调水平、零件的尺寸精度、轴与轴的同轴度、轴与轴的平行度、轴与面间的垂直度、回转件的轴向和径向跳动等;诸多运动性能参数也需要通过测试来控制、计算,如转速、转矩、电机的电流、带的张紧力、链条垂度、齿轮的齿侧间隙、噪声等。

（1）设备安装时水平或垂直平面的检测

水平仪(图 3.56)是用于检查表面是否水平的一种仪器,由具有高精度金属棱边的金属板和一些充满液体的管子组成。这些管子与金属棱边平行或垂直。每个管子中都有一个气泡和两条校准线。这些气泡和校准线用来确定所检测的平面是否与地面水平或垂直。

图 3.56　水平仪

水平仪可用于测量水平或垂直的表面,气泡位于两条校准线之间表示所测表面与地面平行或垂直。

（2）普通平键键槽尺寸的检测

键槽尺寸的检测比较简单,可用千分尺、游标卡尺等普通计量器具来测量。大批量生产时键槽宽度可用量块或光滑极限塞规来检验。

（3）齿轮副的法向侧隙检测

齿轮副的法向侧隙与法向齿厚、公法线长度、油膜厚度等有密切的函数关系。因此,齿轮副的法向侧隙应按工作条件,用最小法向侧隙来加以控制。

最小法向侧隙是当一个齿轮的轮齿以最大允许实效齿厚与另一个也具有最大允许实效齿厚的相配齿轮在最紧的允许中心距相啮合时,在静态条件下的最小允许侧隙可用塞尺测量,如图 3.57 所示。它用来补偿由于轴承、箱体、轴等零件的制造、安装误差以及润滑、温度的影响,以保证在带负载运行于最不利的工作条件下仍有足够的侧隙。

（4）张力测试仪

张力测试仪是测量皮带张力的仪器,如图 3.58 所示。测量方式主要有:机械式或称为接触式、音波式、光波式。机械式因其使用简单而被广泛使用,它能够满足大部分的测量要求;但由于测量空间受限等因素,有时就需要选择非接触式测量方式,比如音波式或光波式,这两种测量方式各有优缺点。

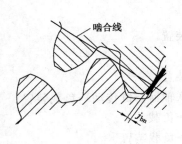

啮合线

j_{bn}

图 3.57 测量法向侧隙

图 3.58 张力测试仪

接触式测量：仪器测量头夹在被测量的皮带上，皮带上的张力实时显示出来。非接触式测量：将张力的传感器测量头对准待测皮带，敲击皮带使其振动，从而测量出频率。频率单位是赫兹，经过一定的公式计算，可转换成牛顿、千克力等单位。

（5）链条拆卸器

链条拆卸器为一种链条链扣的拆卸工具，也可称为链条工具，如图 3.59 所示。它结构紧凑，简单实用。使用时，将链条放入截链器的卡槽中，将顶针对准链条轴销，用力旋转螺杆手柄即可截断链条。

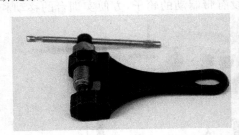

图 3.59 链条拆卸器

本实验通过对多种机械系统的安装、测试、调整、对比分析等环节，在学生自主设计、组合安装机械系统的实验基础上，对学生进行实际操作技能的综合训练，加深对机械精度设计及不同传动类型特点及其适用范围的理解。

3.9.2 实验目的

（1）掌握不同传动类型特点及其适用范围，能设计机械传动系统。

（2）掌握机械系统的安装，能进行电机、共线轴系、平行轴系、垂直轴系的安装与校准，能对零部件精度及安装精度进行静态测试。

（3）掌握机械系统的动态测试与分析，能对组合安装后的机械系统进行运转操作，测试转速、转矩、力、噪声等动态参数，并能根据测试结果分析所组合机械系统的使用性能。

（4）掌握相关工业测量量具的使用方法。

3.9.3 实验项目

（1）驱动源→带传动→圆柱齿轮传动→链传动→负载装置。

（2）驱动源→带传动→蜗轮传动→链传动→负载装置。

（3）驱动源→带传动→圆锥齿轮传动→链传动→负载装置。

（4）驱动源→带传动→电磁离合器→圆柱齿轮传动→联轴器→链传动→负载装置。

（5）驱动源→带传动→圆柱齿轮传动→曲柄摇杆机构→负载装置。

（6）驱动源→带传动→圆柱齿轮传动→曲柄滑块机构→负载装置。

（7）学生自己设计的方案。

3.9.4 实验设备

（1）机械系统创新组合搭接综合实验实训台

实训台采用三柜三屉桌式结构，如图 3.60 所示，实训台上部是零件陈列面板 1，两面各挂有轴、带、链、齿轮等面板。实训操作区采用整体式铝合金 T 形槽平板 3。实训台平台与柜体之间设置敞口空柜 4，上置 4 个条盆，用于随手存放各种类型安装工具及松散组件。抽屉 7 用于存放测量仪器、垫片、按键、带、链、装配器具和紧固标准件。存放架一侧上部设置动力控制箱 6，动力控制箱设有电源总开关、各电机调速控制器、正反向停止旋柄、各电磁离合器电源插孔、开关。实训台机架底部设有带制动的轮子，方便实训台的移动和固定。

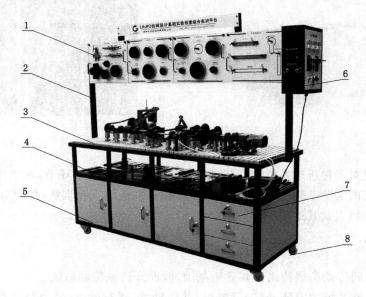

1—零件陈列面板；2—零件存放架；3—整体式铝合金 T 形槽平板；
4—敞口空柜；5—带门柜；6—动力控制箱；7—抽屉；8—万向轮
图 3.60 机械系统创新组合搭接综合实验实训台

实训台可同时供 6～8 个学生双面操作，零件陈放有序，便于实验和管理。实验时，电机、电机座、轴承座套垫、制动器底座均在整体式铝合金 T 形槽平板的横向竖向 T 形槽内固定，它们之间的距离是由设计时各轴的长度确定的，在装配搭接万向节联轴器两轴不平行又不垂直的斜轴传动时,可进行套垫加压板固定。

主要技术参数为:

① 外形尺寸:长 2 300 mm,宽 772 mm,高 1 955 mm。

② 工作台尺寸:长 2 150 mm,宽 772 mm,高 903 mm。

③ 整体式铝合金 T 形槽平板尺寸:长 2 000 mm,宽 800 mm。

④ T 形槽配置:X 轴 60 mm×33＝1 980 mm,Y 轴 60 mm×12＝720 mm,槽宽采用配置 M8 的 T 形槽用螺杆。

⑤ 零件存放架:长 2 000 mm,高 900 mm。

⑥ 陈列面板:长 500 mm,高 380 mm,合计 8 块。

⑦ 实验台使用电源为 220 V 单向交流电。

(2) 提供的零件

主要零件及参数如表 3.8 所示。

表 3.8　主要零件及参数表

序号	名　称	参　　数	数量	材料
1	齿轮♯1	$m＝2$ mm　$Z＝36$	3	45
2	齿轮♯2	$m＝2$ mm　$Z＝24$	2	45
3	齿轮♯3	$m＝2$ mm　$Z＝48$	2	45
4	齿轮♯4	$m＝1.5$ mm　$Z＝24$	2	45
5	齿轮♯5	$m＝1.5$ mm　$Z＝60$	2	45
6	齿轮♯6	$m＝1.5$ mm　$Z＝64$	2	45
7	齿轮♯7	$m＝1.5$ mm　$Z＝80$	2	45
8	小链轮	$P＝12.7$ mm　$Z＝15$	1	45
9	中链轮	$P＝12.7$ mm　$Z＝20$	1	45
10	大链轮	$P＝12.7$ mm　$Z＝30$	1	45
11	小带轮	$\phi＝34°$	1	45
12	中带轮	$\phi＝34°$	1	45
13	大带轮	$\phi＝34°$	1	45
14	小斜齿轮 I	$\beta＝15°$　$m_n＝1.5$ mm　$Z＝26$	1	45
15	大斜齿轮 I	$\beta＝15°$　$m_n＝1.5$ mm　$Z＝69$	1	45
16	小锥齿轮	$m＝2$ mm　$Z＝26$	1	45
17	大锥齿轮	$m＝2$ mm　$Z＝65$	1	45
18	小斜齿轮 II	$\beta＝22°$　$m_n＝1.5$ mm　$Z＝26$	1	45
19	大斜齿轮 II	$\beta＝22°$　$m_n＝1.5$ mm　$Z＝69$	1	45
20	安全离合器带轮	$\phi＝34°$	1	45
21	单向离合器齿轮	$\beta＝22°$　$m_n＝1.5$ mm　$Z＝69$	1	45
22	滑动轴承		2	ZQSn6-6-3
23	套筒联轴器		1	45

表 3.8(续)

序号	名　称	参　数	数量	材料
24	摩擦电磁离合器装配		1	
25	牙嵌式电磁离合器装配		1	
26	电机联轴器		2	45
27	制动器			组件
28	曲柄摇杆机构装配		1	组件
29	曲柄滑块机构装配		1	组件

（3）工具

安装工具有开口扳手、尖嘴钳、平口钳、卡簧钳、内卡、外卡、内六角扳手、一字螺丝刀、十字螺丝刀、锉刀、油壶、链条拉力器、活动扳手、卡子、铜棒、木榔头、橡胶榔头等。

（4）测量仪

游标卡尺（0～150 mm）、外径千分尺（0～25 mm）、组合角尺（0～102 mm）、百分表（0～10 mm）、磁性百分表座、塞尺（0.038 1～0.635 mm）、水平仪（90 mm）、多用水平仪（可测水平、垂直、45 度,230 mm）、数字转速表（5～999.9 r/min,1 000～99 999 r/min）、带张力测量仪、噪声测量仪、带轮槽规、带型规、齿形规、温度计、角度测量仪器。

3.9.5　实验步骤

（1）选择或自行设计机械组合系统。

（2）电机安装及校准：

（a）从储存柜单元中找到 4 个螺钉,调整垫圈,锁紧垫圈和螺母。

（b）在零件架上找到减速电机的 4 个安装底座。

（c）找到减速电机并将之安装在工作表面。

（d）确定工作表面、电机装配基座底部和支撑板清洁和没有毛刺。

（e）将 4 个安装底座与电机脚对准,根据实验需求调整电机至想要的高度。

（f）按照下面的步骤去安装电机:用装配螺钉、螺母和垫圈将电机安装到工作面,调整电机使其 2 个脚到工作台表面的距离相等。

（g）固定电机:用 2 个扳手按顺序进行预紧。注意不要把某一个螺钉固定过紧,以免引起基座变形,可以 2 人或多人同时操作。

（h）水平测量:将水平仪放置在电机轴上,观察气泡位置。务必使水平仪放置在轴的光滑表面,注意观察气泡处于中间位置,如果气泡向右边倾斜,将垫片填其左端,反之将垫片填其右端。

（i）径向跳动:将表座吸在与轴相对固定的基础上,将表头与轴的直径方向重合,接触轴的圆周,转动轴,检查轴的径向跳动。

（j）轴向跳动:使用上述方法将表头与轴的轴线平行,打在轴的端面上,用力抽动轴,检查轴的轴向跳动。

（3）轴承和轴安装与校准：

（a）从零件挂板上将 4 个等高垫（基座）取下,放置到工作台表面上。

（b）从零件挂板上取下 2 个轴承座，从柜中取出 4 颗外六角专用螺钉和专用紧固垫圈、弹垫、螺母，将轴承座固定在 2 个等高垫（基座）上，不要拧紧。

（c）放置第二个整块轴承在另外 2 个支架上，紧固第二个轴承座，不要拧紧。

（d）在零件挂板上取下某根长轴，将轴从两个轴承中穿过，调整轴，使其在每个轴承外侧的长度大约在 20 mm，从柜中取出内六角扳手，拧紧每个轴承上的固定螺钉防止轴滑动。

（e）拧紧整块轴承上的装配螺钉，转动轴观察是否自由转动，如不能，重新调整。

（f）将水平仪放在轴上，观察上面气泡的位置；如轴不水平，在整块轴承的一端插入塞尺使得水平仪上的气泡处于中间的位置，拧紧螺钉，检查轴的水平，用手转动轴，轴能自由转动。

（4）联轴器的安装与校准：

（a）先将电机固定在实训台的某个位置，拿出一个联轴器，用游标卡尺测量键能够和键槽很好的配合，如不能则将键用锉刀修好后放入。

（b）拿起联轴器将其上的键槽对准电机轴上的键，将联轴器块装到轴承支撑的轴上。

（c）拧紧联轴器块上的调整螺钉使其与键锁紧，移动电机使联轴器的两块啮合上。调整空隙为 15 mm，然后拧紧电机的装配螺钉。

（5）相连两轴校准方法：

（a）调整垂直方向上两轴角度的对准。在联轴器的母线上画直线做标记，旋转标记到 0 度位置，使用游标卡尺测量在 0 度时联轴器的长度。旋转联轴器使得标记旋转 180 度，位于底部，使用游标卡尺测量标记位置的长度，用 2 个测量值相减得到垂直角度的不对准值，联轴器的不对准值应该小于 0.5 mm。

（b）调整垂直方向平行不对准值。测量联轴器轮毂，确定 2 个联轴器轮毂的直径相同。旋转轮毂使得标记在顶部 0 度位置，放置直尺在 2 个联轴器的顶部与标记重合，将一片塞尺插入直尺与较低轮毂的缝隙中。旋转标记到底部检测不对准值，如果在底部测量的值和在顶部测量的值相同，那么需要相同的垫片，如果测量的值不同，求一平均值，不对准值必须小于 0.5 mm。如果测量值小于这个值，那么继续下一步骤，否则重新进行下列步骤改进：为电机每个支撑角增加一个垫片，拧紧电机装配螺钉，重新检查垂直方向上角度和平行度的对准值。

（6）齿轮传动安装与校准：

（a）从零件架上取下 2 个齿轮，同时取下连接轴和相应的轴承座以及等高垫（基座），安装前检查 2 个齿轮是否完好，并涂抹相关的润滑油。

（b）安装好齿轮到驱动轴上，安装步骤和安装制动器的轮毂的步骤相似。

（c）重复安装齿轮到被驱动轴上。

（d）拧松轴承上的紧定螺钉，调整轴及其基座的位置，使得齿轮啮合完好。

（e）使用直尺检查齿边齐平，驱动齿轮必须调整与被驱动齿轮对齐。

（7）按照动力和运动传递路线装配和校准其他传动装置。

（8）启动运行机械组合系统，通过系统运转振动情况，分析引起振动的原因，检查并调整机械组合系统。

注意事项：实验开始前请先根据实验内容确定电机，然后再选择电源控制箱，经实验指导老师确认后方可通电实训。切记！

（9）不同转速、载荷条件下的性能参数测量：用转速表测量电机转速，带式制动器测量轴的力矩，张力测试仪测量带的张力，测量链条垂度、机械系统噪声等。

（10）计算机械传动系统中轴的转速和力矩，与测试数据进行对比。

（11）实验后整理和清扫：

（a）按与装配相反的顺序拆卸，将属于存储面板上的零件原位放好。

（b）检查清点仪器零件数目，将螺栓等零件放入零件柜，扳手、螺丝刀等放回工具柜；水平仪、百分表、噪音仪等放入测量仪器柜。

（c）将电机等属于存储柜中的零件放入存储柜中。

（d）清理工作台面，保持清洁。

3.10 压力机虚拟样机仿真实验

3.10.1 预备知识

SolidWorks 作为当前流行的三维 CAD 软件之一，具有功能强大、易学易用和技术创新的特点，是领先的、主流的三维 CAD 解决方案。

SolidWorks 具有强大的基于特征的实体建模功能。通过拉伸、旋转、切除、高级抽壳、薄壁特征、特征阵列以及打孔等操作得到理想的模型，实现对产品理想化设计，并支持对草图和特征的动态实时修改。

SolidWorks 直观的三维装配功能采用捕捉配合的智能化装配技术，自动捕捉并定义装配关系，从而进行快速的总体装配，并且可以在装配体过程中对装配体进行静动态的干涉情况和间隙检查。

SolidWorks 具有齐全的数据接口功能，不仅提供了当今市场上几乎所有 CAD 软件的输入/输出格式转换器，对部分格式提供了不同版本的转换，而且可以实现与 ANSYS Workbench、ADAMS 等分析计算软件之间的数据交换。

3.10.2 实验目的

（1）了解采用三维软件进行简单机械产品的设计和运动学、动力学仿真分析，从而验证和优化设计方案。

（2）初步掌握运用 SolidWorks 进行压力机零件三维造型和整机的装配。

（3）初步掌握运用 COSMOSMotion 添加运动约束、运动驱动、工作阻力等，模拟压力机运行状况。

3.10.3 实验内容

（1）基于 SolidWorks 建立如图 3.61(a)所示压力机虚拟样机。

（2）基于 COSMOSMotion 模拟压力机运行状况，分析其运动学、动力学性能。

3.10.4 实验参数

压力机虚拟样机由连杆 2、飞轮曲柄 1、压头 3 和机座 4 组成。实验中有关运动尺寸为：曲柄 1 的杆长为 40 mm，连杆 2 的杆长为 120 mm。其余结构尺寸可根据零部件不干涉原则选取。

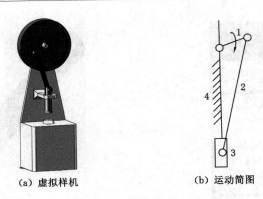

(a) 虚拟样机　　　　　(b) 运动简图

图 3.61　压力机虚拟样机及其机构运动简图

3.10.5　实验步骤

（1）零件造型

在 SolidWorks 环境下，选择【文件】/【新建】/【零件】命令，以所建立的零件名存盘。对所有建立的零件，在 FeatureManager 设计树中选择【材质】/【编辑材料】命令，设置零件的材质为"普通碳钢"。

（i）连杆

① 绘制草图：选择【插入】/【草图绘制】，选择【前视基准面】，绘制如图 3.62 所示草图。

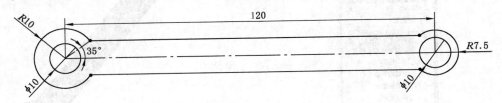

图 3.62　连杆草图

② 退出草图，选择【插入】/【凸台/基体】/【拉伸】命令，拉伸距离为 10 mm，如图 3.63 所示。图 3.64 为拉伸后形成的连杆实体。

③ 选择【插入】/【特征】/【倒角】命令，将零件各边倒角，边长为 1 mm，如图 3.65 所示。图 3.66 为倒角后的连杆。

（ii）飞轮（曲柄）

① 绘制草图：选择【插入】/【草图绘制】，绘制如图 3.67 所示草图。

② 退出草图，选择【插入】/【凸台/基体】/【旋转】，选择绕构造线旋转，如图 3.68 所示。图 3.69 为实体飞轮。

③ 选择【插入】/【镜像/阵列】/【镜像】命令，将该旋转特征镜像，如图 3.70 所示。图 3.71 为镜像后的飞轮。

④ 在飞轮内面插入并绘制草图：点飞轮一内面，右击【插入草图】，绘制如图 3.72 所示草图，40 mm 即为曲柄长度。退出草图，选择【拉伸】/【贯穿切除】，形成 10 mm 孔，如图 3.73 所示。

图 3.63　拉伸对话框

图 3.64　连杆实体造型

图 3.65　圆角对话框

图 3.66　倒角后的连杆

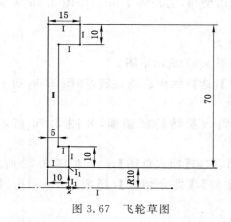

图 3.67　飞轮草图

图 3.68　旋转对话框

图 3.69　实体飞轮

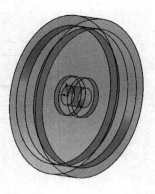

图 3.70　旋转特征镜像

图 3.71　镜像后的飞轮

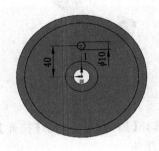

图 3.72　确定曲柄

⑤ 倒圆角:选择【插入】/【特征】/【倒角】命令,将零件各边倒角,边长为 1 mm,如图 3.74 所示。

图 3.73　确定曲柄另一孔

图 3.74　倒角后的飞轮

(iii) 压头

① 绘制压头草图,如图 3.75 所示,退出草图。

② 选择【插入】/【凸台/基体】/【旋转】,即生成旋转压头,如图 3.76 所示。

③ 选择端面,插入绘制草图,如图 3.77 所示。

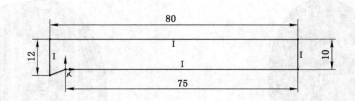

图 3.75　压头草图

图 3.76　旋转压头

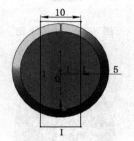

图 3.77　插入绘制草图

④ 选择【插入】/【切除】/【拉伸】，距离为 30 mm，如图 3.78 所示，图 3.79 为头部切除部分材料的压头。

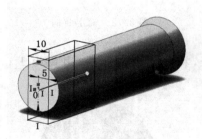

图 3.78　插入绘制草图

3.79　头部切除部分材料的压头

⑤ 在切除后的一切除面上，插入绘制草图，如图 3.80 所示。

图 3.80　插入绘制草图

⑥ 退出草图。选择【插入】/【切除】/【拉伸】，在方向 1 和方向 2 上均选择完全贯穿，如图 3.81 所示。图 3.82 为最后形成的压头零件造型。

图 3.81 切除、拉伸对话框

图 3.82 压头零件的造型

(ⅳ) 机座

① 绘制如图 3.83 所示草图,退出草图。

② 选择【插入】/【凸台/基体】/【拉伸】,拉伸深度为 130 mm。

③ 选择【插入】/【特征】/【抽壳】,形成机座底座,如图 3.84 所示。

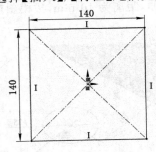

图 3.83 绘制机座草图

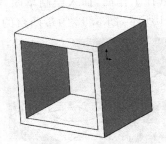

图 3.84 机座的底座

④ 选择 140×140 面,插入绘制草图,如图 3.85 所示。退出草图

⑤ 选择【插入】/【凸台/基体】/【拉伸】,厚度为 10 mm,如图 3.86 所示。

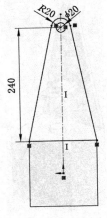

图 3.85 插入凸台

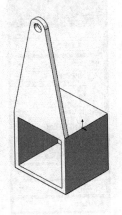

图 3.86 底座与上侧面

⑥ 插入并绘制草图,如图 3.87 所示,退出草图。
⑦ 选择【插入】/【凸台/基体】/【拉伸】,厚度为 80 mm,如图 3.88 所示。

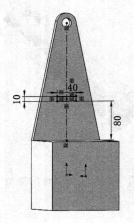

图 3.87　绘制支架草图

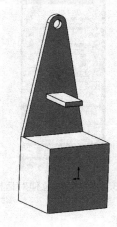

图 3.88　生成上支座

⑧ 插入并绘制草图,如图 3.89 所示,退出草图。拉伸切除,厚度为 30 mm。
⑨ 选择工作面,插入绘制草图,如图 3.90 所示。拉伸,距离为 10 mm,拔模斜度为 20°,如图 3.91 所示,图 3.92 为带凸台的机座。

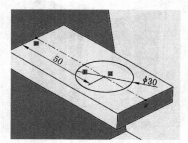

图 3.89　绘制草图

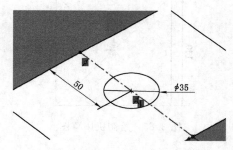

图 3.90　插入绘制草图

图 3.91　拉伸对话框

图 3.92　带凸台的机座

⑩ 倒圆角:选择【插入】/【特征】/【倒角】命令,将零件各边倒角,边长为 10 mm,如图 3.93 所示。

(2) 虚拟样机的装配

① 选择【文件】/【新建】/【装配体】,建立"压力机虚拟样机"装配体文件。

② 选择【插入】/【零部件】,插入已建立的机座零件。再插入压头零件,选择主菜单中【移动零件】和【旋转零件】命令,将压头放置合适位置。

③ 选择【配合】,选取标准配合为同轴心,将压头与机座进行同轴心配合。

④ 同理,将连杆和压头进行同轴心和重合配合,如图 3.94 所示。

⑤ 插入飞轮零件,分别将其与连杆及机座进行同轴心装配,将飞轮端面与机座进行距离配合,距离为 5 mm,得压力机装配图,如图 3.95 所示。

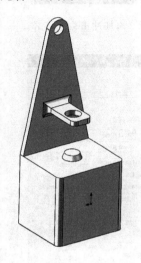
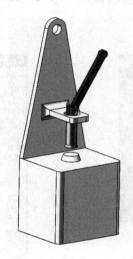

图 3.93 生成带倒角的机座 　　图 3.94 装配连杆和压头 　　图 3.95 装配曲柄(飞轮)

(3) 仿真设置

① 选择设计树中运动分析图标，单击右键设置机座为"静止零部件",其余为"运动零部件"。

② 选择设计树中【约束】,右击飞轮与机座旋转副,选择【属性】命令,设置运动如图 3.96 所示。

③ 右击设计树中【力】/【作用/反作用】,选择【添加冲击力】命令,如图 3.97 所示,分别选择压头末端面与机座凸台端面,则在压头与机座之间添加冲击力,如图 3.98 所示。

④ 右击冲击力,设置碰撞如图 3.99 所示,设置长度为 0.5 mm,当压头与机座凸台等于该值时,碰撞发生。

(4) 仿真模拟

① 选择【运动】/【选项】/【仿真】命令,设置仿真时间为 1.8 s,帧数 100。

② 选择【结果】/【速度】/【生成速度】,在速度图编辑对话框中,分别选择压头及压头上一点,右击速度图,选择【绘制曲线】/【X 轴分量】,可得如图 3.100 所示压头的速度变化曲线。

图 3.96　选择约束对话框

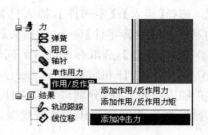

图 3.97　添加冲击力

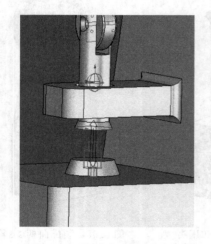

图 3.98　压头与机座间冲击

图 3.99　设置碰撞

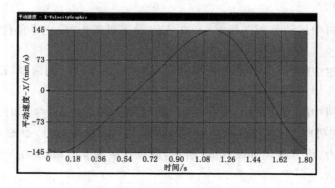

图 3.100　压头的速度变化曲线

③ 按照相同的方法,可得到压头的加速度变化曲线,如图 3.101 所示。

④ 右击【力】/【作用/反作用】/【Impact】,选择【绘制曲线】/【反作用力】/【幅值】命令,可得到如图 3.102 所示压头与机座之间的碰撞力曲线。

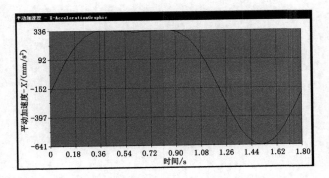

图 3.101   压头的加速度变化曲线

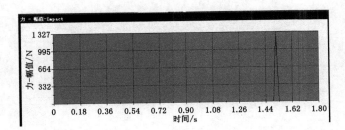

图 3.102   压头与机座之间的碰撞力曲线

机械原理实验报告

学　期＿＿＿＿＿＿＿＿＿

班　级＿＿＿＿＿＿＿＿＿

学　校＿＿＿＿＿＿＿＿＿

姓　名＿＿＿＿＿＿＿＿＿

学　号＿＿＿＿＿＿＿＿＿

日　期＿＿＿＿＿＿＿＿＿

学生实验守则

1. 学生应按照课程教学计划，准时上实验课，不得迟到早退。

2. 实验前认真阅读实验指导书，明确实验目的、步骤、原理，预习有关的理论知识，并接受实验教师的提问和检查。

3. 进入实验室必须遵守实验室的规章制度。不得高声喧哗和打闹，不准抽烟，不准吃食，不准随地吐痰和乱丢杂物。

4. 做实验时必须严格遵守仪器设备的操作规程，爱护仪器设备，节约使用材料，服从实验教师和技术人员指导。未经许可不得动用与本实验无关的仪器设备及其他物品。

5. 实验中要细心观察，认真记录各种实验数据。不准敷衍，不准抄袭别组数据，不得擅自离开操作岗位。

6. 实验时必须注意安全，防止人身和设备事故的发生。若出现事故，应立即切断电源，及时向指导教师报告，并保护现场，不得自行处理。

7. 实验完毕，应主动清理实验现场。经指导教师检查仪器设备、工具、材料和实验记录后方可离开。

8. 实验后要认真完成实验报告，包括分析结果、处理数据、绘制曲线及图表。在规定时间内交指导教师批改。

9. 在实验过程中，由于不慎造成仪器设备、器皿、工具损坏者，应写出损坏情况报告，并接受检查，由实验中心领导根据情况进行处理。

10. 凡违反操作规程，擅自动用与本实验无关的仪器设备、私自拆卸仪器而造成事故和损失的，肇事者必须写出书面检查，视情节轻重和认识程度，按章程予以赔偿。

实验一　机械原理认知实验报告

班级＿＿＿＿＿＿　姓名＿＿＿＿＿＿　同组人＿＿＿＿＿＿　日期＿＿＿＿＿＿

一、实验预习内容

快速浏览机械原理教材,初步了解本课程的研究内容,对连杆机构、凸轮机构、齿轮机构与齿轮系有一个初步的认识。

列举你见到的至少三台机器。

指导教师根据学生预习情况是否同意其进行实验　是□否□	指导教师签字:

二、实验过程及实验数据记录

1. 认知平面连杆机构,记录至少两个具体的平面连杆机构名称,它们实现了什么到什么的运动变换。

2. 认知空间连杆机构,记录至少两个具体的空间连杆机构名称,它们实现了什么到什么的运动变换。

3. 认知凸轮机构,记录至少两个具体的凸轮机构名称,它们实现了什么到什么的运动变换。

4. 认知齿轮机构,记录一个外啮合齿轮机构的名称和一个内啮合齿轮机构的名称。

5. 认知齿轮系,记录至少两个具体的齿轮系名称。

6. 认知间歇运动机构,记录至少两个具体的间歇运动机构名称。

指导教师对学生实验过程进行确认	指导教师签字:

三、实验结果与分析

1. 认知实验中,常见的组合机构有哪些? 各由哪些基本机构组成?

2. 画出你所见到、认识的家用机电产品的机构简图。

实验成绩评定

	实验预习成绩 (10％)	认知过程成绩 (30％)	实验报告成绩 (60％)	总评成绩 (100％)
成　　绩				
指导教师				

日期:

实验二　机构运动简图的测绘与分析实验报告

班级＿＿＿＿＿＿＿　姓名＿＿＿＿＿＿＿　同组人＿＿＿＿＿＿＿　日期＿＿＿＿＿＿＿

一、实验预习内容

1．什么是机构运动简图？什么是机构示意图？

2．请结合自动开关后门式自卸汽车(图1)简述从真实的机器绘制成机构运动简图的步骤。

 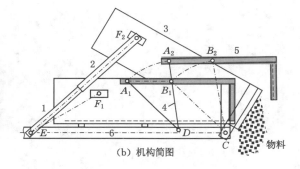

（a）自动开关后门式自卸汽车　　　　　　　（b）机构简图

1—活塞杆；2—油缸体；3—车厢；4—摇杆；5—连杆式车门；6—汽车底架。

图 1　自动开关后门式自卸汽车与机构简图

3．在绘制机构运动简图时，投影面如何选择？长度比例尺是如何确定的？

4．机构具有确定运动的条件是什么？

5．什么是复合铰链、局部自由度、虚约束？在计算机构自由度时，如何处理？

指导教师根据学生预习情况是否同意其进行实验　是□否□	指导教师签字：

二、实验过程及实验数据记录

对于选定的机构模型,让模型动起来,仔细观察其构成,数出构件数、运动副数,测量并记录运动副之间的长度与相对角度,选择比例尺,绘制 6 个以上不同机构示意图(草图)。

指导教师对学生实验过程进行确认	指导教师签字:

三、实验结果与分析

对于选定模型,绘制出至少 6 个机构运动简图,计算自由度、判断属于何种类型的机构(表 1)。

表 1　实验结果与分析

		机构运动简图
1	机构名称:	
	原动件数=	
	活动构件数 $n=$	
	低副数 $p_L=$	
	高副数 $p_H=$	
	自由度 $F=$	
	机构运动是否确定:	
2	机构名称:	机构运动简图
	原动件数=	
	活动构件数 $n=$	
	低副数 $p_L=$	
	高副数 $p_H=$	
	自由度 $F=$	
	机构运动是否确定:	
3	机构名称:	机构运动简图
	原动件数=	
	活动构件数 $n=$	
	低副数 $p_L=$	
	高副数 $p_H=$	
	自由度 $F=$	
	机构运动是否确定:	
4	机构名称:	机构运动简图
	原动件数=	
	活动构件数 $n=$	
	低副数 $p_L=$	
	高副数 $p_H=$	
	自由度 $F=$	
	机构运动是否确定:	

5	机构名称：	机构运动简图
	原动件数＝	
	活动构件数 $n＝$	
	低副数 $p_L＝$	
	高副数 $p_H＝$	
	自由度 $F＝$	
	机构运动是否确定：	
6	机构名称：	机构运动简图
	原动件数＝	
	活动构件数 $n＝$	
	低副数 $p_L＝$	
	高副数 $p_H＝$	
	自由度 $F＝$	
	机构运动是否确定：	

四、实验结论

当构件中的构件数量、运动副数量保持不变时，如何改变机构的输出特性以及机构的用途？

实验成绩评定

	实验预习成绩 （10%）	实验操作成绩 （30%）	实验报告成绩 （60%）	总评成绩 （100%）
成　　绩				
指导教师				

日期：

实验三 齿轮的范成与虚拟范成实验报告

班级_____ 姓名_____ 同组人_____ 日期_____

一、实验预习内容

1. 简述范成法切制渐开线齿轮的基本原理。

2. 简述范成法加工渐开线齿轮时的根切现象及避免根切的方法。

3. 扫描《机械原理与设计实验教程》图 2.38 二维码,通过虚拟实验模拟齿轮加工的过程。

(1) 在可执行文件的输入界面中输入 $Z=8$,$m=100$ mm,生成标准齿轮,保存为图片并打印。判断该标准齿轮是否发生根切。

(2) 保持上述参数不变,为避免被加工齿轮发生根切,试计算最小变位系数 $x_{min}=$ _____,在可执行文件中输入 x 的数值,生成变位齿轮,保存为图片并打印。

指导教师根据学生预习情况是否同意其进行实验 是□否□	指导教师签字:

二、实验过程及实验数据记录

1. 基于范成仪的实验

每人带 HB 铅笔，黑、红两色水笔，圆规，三角板，橡皮等用具。

通过计算补全表 2 中的数据。

表 2 实验数据

组别	齿轮	模数 m	齿数 Z	变位系数 x	移距 xm	基圆直径 d_b	分度圆直径 d	齿根圆直径 d_f	齿顶圆直径 d_a	特点
1	标 准	20	8	0						
2	正变位	20	8	+0.53						

2. 实验结果

指导教师对学生实验过程进行确认	指导教师签字：

三、实验结果与分析

1. 与预习报告中虚拟实验所绘制的齿轮进行对比,分析改变刀具轨迹的密集程度对绘制的齿轮齿廓有什么影响。

2. 用范成法加工的模数相同、齿数相同的标准齿轮与正变位齿轮的齿顶厚哪个大?为什么?

3. 模数相同、齿数相同的渐开线标准齿轮与正变位齿轮的齿廓形状是否是同一条渐开线?为什么?

4. 模数相同、齿数相同的渐开线标准齿轮与正变位齿轮的几何参数有何异同?

实验成绩评定

	实验预习成绩 (10%)	实验操作成绩 (30%)	实验报告成绩 (60%)	总评成绩 (100%)
成　　绩				
指导教师				

日期:

实验四 渐开线直齿圆柱齿轮的参数测定实验报告

班级_____ 姓名_____ 同组人_____ 日期_____

一、实验预习内容

1. 游标卡尺与数据读取方法；

2. 理解渐开线齿轮的基本参数 Z、m、α、h_a^*、c^* 与基本尺寸 d、d_a 等之间的关系和渐开线的性质。

指导教师根据学生预习情况是否同意其进行实验 是□否□	指导教师签字：

二、实验过程及实验数据记录

每人测量两个齿轮的基本参数 Z、m、a、h_a^*、c^* 及 x，偶数、奇数齿各一个。

1. 测定模数 m 和压力角 α

当用游标卡尺测量 k 个齿与 $k+1$ 个齿之间的公法线实际长度 W_k 与 W_{k+1} 时，齿厚减薄量 Δs 的存在不影响对模数 m 的测量精度，k 个齿的公法线实际长度 $W_k=(k-1)p_b+s_b-\Delta s$，$k+1$ 个齿的公法线实际长度 $W_{k+1}=kp_b+s_b-\Delta s$，$W_{k+1}-W_k=p_b$，由 $p_b=p\cos\alpha=m\pi\cos\alpha$ 得 $m=p_b/(\pi\cos\alpha)$。

p_b 为齿轮基圆的周节，α 可能为 $15°$，也可能为 $20°$，分别用 $15°$ 和 $20°$ 算得两个模数，取数值接近于标准模数的一组 m 和 α 为被测齿轮的模数和压力角。为了保证量具的卡脚与齿廓的渐开线部分相切，所需的跨齿数 k 可参照表 3 选取。

表 3　跨齿数与齿数的对应关系

齿数 Z	12～18	19～27	28～36	37～45	46～54	55～63	64～72	73～81
跨齿数 k	2	3	4	5	6	7	8	9

2. 测定变位系数 x

与标准齿轮相比，变位齿轮的齿厚发生了变化，k 个齿的公法线实际长度为 W_k^*，理论长度为 W_k，$W_k^*-W_k=2xm\sin\alpha$，即 $x=(W_k^*-W_k)/(2m\sin\alpha)$。

3. 测定齿顶高系数 h_a^* 和径向间隙系数 c^*

通过测量齿顶圆直径 d_a 与齿根圆直径 d_f 计算出全齿高 h，再用试算法确定齿轮的 h_a^* 与 c^*。

如图 2 所示，D 为齿轮内孔的直径（mm）；H_1 为齿轮齿顶圆至内孔壁的径向距离（mm）；H_2 为齿轮齿根圆至内孔壁的径向距离（mm），偶数齿轮的 d_a 与 d_f 可用游标卡尺直接测量，奇数齿齿轮的 d_a 与 d_f 需要间接测量，$d_a=D+2H_1$，$d_f=D+2H_2$，于是 $h=(d_a-d_f)/2=H_1-H_2$。

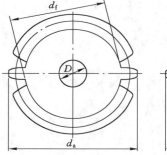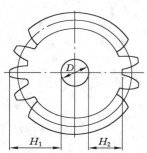

图 2　奇、偶齿轮 d_a 与 d_f 的测量示意图

齿根高的计算公式为 $h_f=(h_a^*+c^*)m-xm$，此时 h_a^*、c^* 为未知，因为不同齿制齿轮的 h_a^*、c^* 均为标准值，故分别将正常齿制 $h_a^*=1$、$c^*=0.25$ 和短齿制 $h_a^*=0.8$、$c^*=0.3$ 两组标准值代入 h_f 的计算式，计算得出 h_f，取最接近 h_f 值的一组 h_a^*、c^* 为所测定的值。

齿顶高 $h_a=h-h_f=(h_a^*+x-\sigma)m$，由此可以获得齿顶高变动系数 σ。

指导教师对学生实验过程进行确认	指导教师签字：

三、实验结果与分析

1. 两个齿轮的参数测定后,判断它们能否正确啮合及传动类型。

2. 测量齿根圆直径 d_f 时,对于齿数分别为奇数和偶数的齿轮,还有什么测量方法?

3. 把测量出的 s_c、h_c、W_k 与理论结果相对照,并分析产生误差的原因和精度。

四、实验结论

提示:从对真实齿轮的参数测量中,可否还原设计者的原始设计参数。

实验成绩评定

	实验预习成绩 (10%)	实验操作成绩 (30%)	实验报告成绩 (60%)	总评成绩 (100%)
成　　绩				
指导教师				

日期:

实验五　刚性转子的动平衡实验报告

班级＿＿＿＿＿＿　姓名＿＿＿＿＿＿　同组人＿＿＿＿＿＿　日期＿＿＿＿＿＿

一、实验预习内容

在制造刚性转子时,转子内部物质分布的不均匀性与加工误差导致其转动轴线不一定位于中心惯性主轴上,从而导致两端支撑的轴承上产生附加动压力,附加动压力应消除或减小。本次实验就是通过试验机寻找刚性转子上不平衡质量的大小、位置与方位,了解动平衡试验机的组成,YYQ-50型硬支撑动平衡机如图3(a)所示,了解动平衡试验机的工作原理与转子不平衡质量的校正方法,如图3(b)所示。

（a）刚性转子动平衡试验机

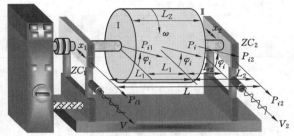

（b）刚性转子动平衡试验机的工作原理简图

图3　刚性转子动平衡试验机的结构与工作原理简图

1. 什么是静平衡? 什么是动平衡? 在什么情况下采用静平衡? 什么情况下采用动平衡?

2. 试件经过动平衡之后是否满足静平衡? 为什么?

3. 简述将刚性转子不平衡质量的空间分布转化为两个校正面上质径积的过程。

指导教师根据学生预习情况是否同意其进行实验　是□否□	指导教师签字:

二、实验过程及实验数据记录

1. 熟悉实验整个过程，实验时注意安全，防止转子高速运转时质量块脱落伤人。

2. 正确布置质量块位置，理解极坐标或分量显示不平衡质量所处的相位。

3. 实验后分析各转子质量及相位以及参数与转子动平衡的关系。

4. 确定转子装载支承形式；输入转子左校正面到左支点的长度 a(mm)，转子右校正面到右支点的长度 c(mm)，左、右两校正平面之间的距离 b(mm)，左校正平面的平衡半径 r_1(mm)，右校正平面的平衡半径 r_2(mm)，转子的平衡转速 n(r/min)；并计算转子的许用平衡精度 $[e]$、许用不平衡量 $m[e]$(g·mm) 等参数于表 4 中。

表 4　转子装载支承形式与许用不平衡量

绘制转子装载支承形式图	计算转子许用不平衡量
	转子参数：$m=$　　kg；$n=$　　(r/min)；平衡精度等级 $A=6.3$(mm/s)，计算转子的许用平衡精度 $[e]$；许用不平衡量 $m[e]$(g·mm)

5. 启动试验台；第一次开机，试验机显示转子左端面上的不平衡质径积 $[m_1 r_1/(\text{g·mm})]$ 与相位角 $[\varphi_1/(°)]$，右端面上的不平衡质径积 $[m_2 r_2/(\text{g·mm})]$ 与相位角 $[\varphi_2/(°)]$。停机后，自行确定左端面上增加质量的向径长度 r_{L1}，增加的质量 $m_{L1}=(m_1 r_1)/r_{L1}$，确定右端面上增加质量的向径长度 r_{R2}，增加的质量 $m_{R2}=(m_2 r_2)/r_{R2}$。第二次开机，记录 $[m_1 r_1/(\text{g·mm})]$ 与 $[\varphi_1/(°)]$，$[m_2 r_2/(\text{g·mm})]$ 与 $[\varphi_2/(°)]$。停机后，在 r_{L1} 上增加或减少质量 $m_{L1}=(m_1 r_1)/r_{L1}$，在 r_{R2} 上增加或减少质量 $m_{R2}=(m_2 r_2)/r_{R2}$。第三次开机，记录 $[m_1 r_1/(\text{g·mm})]$ 与 $[\varphi_1/(°)]$，$[m_2 r_2/(\text{g·mm})]$ 与 $[\varphi_2/(°)]$。直至转子的不平衡质量在许用值以内，转子校正结束。记录转子不平衡质量和相位数据于表 5 中。

表 5　转子不平衡质量和相位数据

	次序	不平衡相位/(°)	不平衡质量/g
左(r_1)平衡面	1		
	2		
	3		
	4		
	5		
右(r_2)平衡面	1		
	2		
	3		
	4		
	5		

指导教师对学生实验过程进行确认	指导教师签字：

三、实验结果与分析

1. 阐述不平衡形成的原因及振动识别方法。

2. 分析本动平衡实验的基本原理。

3. 评价动平衡后的效果。

实验成绩评定

	实验预习成绩（10％）	实验操作成绩（30％）	实验报告成绩（60％）	总评成绩（100％）
成　　绩				
指导教师				

日期：

实验六　凸轮机构运动参数测定实验报告

班级_____　姓名_____　同组人_____　日期_____

一、实验预习内容

　　凸轮机构多数作为控制机构使用,机械原理课程介绍了从动件可以使用多项式运动规律、三角函数运动规律以及组合运动规律,这些运动规律只是理论上的运动规律,实际上,从动件的真实运动规律是在理论运动规律的基础上叠加高频的干扰运动,这些干扰来自构件的弹性变形、运动副中的间隙、油膜的状态、外力的变化,若这些干扰是相对小的,不影响正常使用,若这些干扰是相对大的,就不得不采用相关的办法加以减小,如提高构件的刚度、减小运动副的间隙、提高润滑油的黏度等。

　　列举你见到的至少两台使用了凸轮机构的机器。

指导教师根据学生预习情况是否同意其进行实验　是□否□	指导教师签字:

二、实验过程及实验数据记录

仔细阅读实验设备使用说明书(见实验室的投影屏幕上),确定实验内容,检查实验设备。

用抹布将实验台与各个构件清理干净,加少量 N68-48 机油至各运动构件滑动轴承处。

将面板上调速旋钮逆时针旋到底(转速最低),大黑开关打在关的位置。

转动凸轮 1~2 周,检查各运动构件的运行状况,各螺母紧固件应无松动,各运动构件无卡死现象。一切正常后,方可开始运行。

实验数据在测试系统中,拍照或打印检测结果。

指导教师对学生实验过程进行确认	指导教师签字:

三、实验结果与分析

测试系统得到了实验结果曲线,理论上能够计算出从动件的位移、速度与加速度。请使用 VB 或 C++或 Matlab 软件计算从动件的位移、速度与加速度,试比较两者的差异。你认为哪个因素导致了真实的位移、速度与加速度与理论的位移、速度与加速度产生了较大的差异。

实验成绩评定

	实验预习成绩 (10%)	实验操作成绩 (30%)	实验报告成绩 (60%)	总评成绩 (100%)
成　　绩				
指导教师				

日期:

实验七　机构运动方案创新设计实验报告

班级＿＿＿＿＿　姓名＿＿＿＿＿　同组人＿＿＿＿＿　日期＿＿＿＿＿

一、实验预习内容

1. 连杆机构具有哪些传动优缺点？

2. 什么是连杆机构的压力角与传动角？其大小对机构的传力性能有何种影响？

3. 试比较单节叉杆式垂直升降平台机构（图4）与双节双排叉杆式垂直升降平台机构（图5）的运动方案及运动特性的异同。

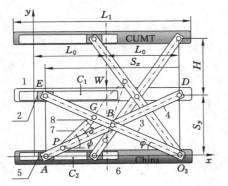

1—平台；2—上滑块；3—右摇杆；
4—左摇杆；5—下滑块；6—底架。

图4　单节叉杆式垂直升降平台机构

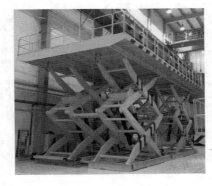

图5　双节双排叉杆式垂直升降平台机构

4. 构思一个可行的六杆机构方案，或选择项目设计中的一个多杆机构，绘制其机构运动简图。

指导教师根据学生预习情况是否同意其进行实验　是□否□	指导教师签字：

二、实验过程及实验数据记录

1. 按比例绘制实际拼装的机构运动简图,并要求符号规范。标出活动构件、原动件、转动副、移动副、低副、高副、复合铰链、虚约束、局部自由度等的位置与个数,计算自由度。

机构名称:	机构简图
自由度计算: $F=3n-2p_{L}-p_{H}$	

2. 简要说明机构杆组的拆分过程,并画出所拆机构的杆组简图。

机构分析
机构杆组简图

3. 根据拆分的杆组,按不同的顺序排列杆组,可能组合的机构运动方案有哪几种? 要求用机构运动简图表示出来,就运动传递情况作方案比较,并简要说明之。

简图
说明

4. 利用不同的杆组进行机构拼接,可得到哪些有创意的机构运动方案? 用简图说明。

简图
说明

指导教师对学生实验过程进行确认	指导教师签字:

三、实验结果与分析

1. 要想改变曲柄摇杆机构摇杆的摆角大小,可调整哪个杆的长度?

2. 要使所设计出的机构的压力角在某一范围内,应采取什么措施?

3. 机构搭建过程中会遇到什么问题? 如何解决?

4. 将搭接的机构系统实物模型照片粘贴在下方。

实验成绩评定

	实验预习成绩 （10%）	实验操作成绩 （30%）	实验报告成绩 （60%）	总评成绩 （100%）
成　　绩				
指导教师				

日期:

实验八　机械系统动力学调速实验报告

班级＿＿＿＿＿＿　姓名＿＿＿＿＿＿　同组人＿＿＿＿＿＿　日期＿＿＿＿＿＿

一、实验预习内容

对于单自由度的机械,其上作用有驱动力(矩)、工作阻力(矩)、重力、惯性力(矩)和摩擦力(矩),其中,驱动力矩 M_d 常常是速度的函数,比如电动机;工作阻力 M_r 常常是位移的函数,比如压力机。在它们的共同作用下,机器主动件的速度常常是变化的。在构件之间的相互作用力中,惯性力分量有时会超过或远远超过由外负载引起的分量。机械系统动力学研究了机械在外力作用下真实运动规律的求解问题以及机器速度波动的调节问题;机械系统动力学调速实验通过测量的方法获得主动件的速度并检验速度波动的调节效果。

1. 阐述利用飞轮调节速度波动的原理。

2. 阐述实验中如何评价机械系统调速后的调节效果。

指导教师根据学生预习情况是否同意其进行实验　是□否□	指导教师签字:

二、实验过程及实验数据记录

1. 机械系统动力学调速测试结果

机械系统动力学调速测试结果如表 6 所示。

表 6　机械系统动力学调速测试结果

不加飞轮	加上飞轮 1	加上飞轮 2
实测的角速度、角加速度曲线图	实测的角速度、角加速度曲线图	实测的角速度、角加速度曲线图

2. 机械系统动力学仿真分析结果

机械系统动力学仿真分析结果如表 7 所示。

表 7　机械系统动力学仿真分析结果

	曲柄的角位移、角速度与角加速度曲线	关于曲柄的等效驱动力矩曲线	关于曲柄的等效阻力矩曲线
不加飞轮			
加上飞轮 1			
加上飞轮 2			

指导教师对学生实验过程进行确认	指导教师签字：

三、实验结果与分析

从三种测量结果中,分析飞轮的调速效果;通过机械系统动力学仿真分析,分析飞轮的调速效果。

实验成绩评定

	实验预习成绩 （10％）	实验操作成绩 （30％）	实验报告成绩 （60％）	总评成绩 （100％）
成　　绩				
指导教师				

日期：

实验九　机构运动仿真虚拟设计实验报告

班级_____　姓名_____　同组人_____　日期_____

一、实验预习内容

对于已经设计好的机构,假定主动件做匀速运动,忽略运动副之间的间隙与构件的变形,则可用软件设计方法研究机构的运动情况。VB 与 ADAMS 软件是常用的软件。采用软件设计方法的突出优点在于实现了参数化与可视化,当所设计机构的性能达到或十分接近规定的性能时,再去制造机器,这样,成功的机会就会更高。

1. 理解利用 VB 软件进行机构运动学仿真分析的方法;

2. 了解利用 ADAMS 软件进行机构运动学仿真分析的方法;

3. 了解运用 ADAMS 进行机构参数化建模的方法;

4. 预习运用 ADAMS 添加运动约束、运动驱动等,能对被仿真机构的运动学参数进行测量并绘制曲线。

指导教师根据学生预习情况是否同意其进行实验　是□否□	指导教师签字:

二、实验过程及实验数据记录

1. 基于 ADAMS 建立如图 6 所示冲压机参数化模型。

2. 基于 ADAMS 模拟冲压机运行状况。

3. 设置工作环境，建立冲压机机构参数化模型，测量机构的运动学参数，输出滑块 5 质心的位移 s、速度 v_5 与加速度 a_5 曲线。

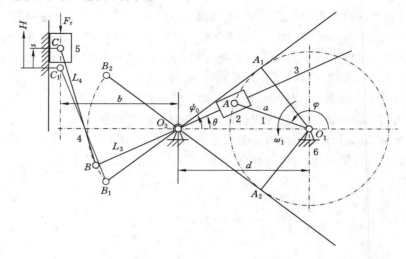

1—曲柄；2—第一滑块；3—导杆；4—连杆；5—第二滑块；6—机架。

图 6　基于平面六杆机构的冲压机简图

指导教师对学生实验过程进行确认	指导教师签字：

三、实验结果与分析

1. 从滑块 5 的位移 s、速度 v_5 与加速度 a_5 曲线上观察输出结果的正确性,若 s 到达最大 s_{max} 或最小 s_{min},则 $v = ds_{max}/dt = ds_{min}/dt = 0$;若 v 到达最大 v_{max} 或最小 v_{min},则 $a = dv_{max}/dt = dv_{min}/dt = 0$,从三条曲线中,判断是否符合这一结论。

2. 若仅仅改变滑块 5 的质量 m_5,再次输出滑块 5 的位移 s、速度 v_5 与加速度 a_5 曲线,从曲线上观察哪里发生了变化。

实验成绩评定

	实验预习成绩 (10%)	实验操作成绩 (30%)	实验报告成绩 (60%)	总评成绩 (100%)
成　　绩				
指导教师				

日期:

实验十　行星轮上点轨迹的图形特征与应用实验报告

班级＿＿＿＿＿＿＿　姓名＿＿＿＿＿＿＿　同组人＿＿＿＿＿＿＿　日期＿＿＿＿＿＿＿

一、实验预习内容

如图 7 所示的内行星轮系,行星轮 2 为外齿轮,P 为行星轮 2 上的一点,设星轮 2 的节圆半径为 r_2、$O_2P=b$、角位移为 δ,固定内齿轮 3 的节圆半径为 r_3,系杆 1 的长度 $a_1=O_1O_2=r_3-r_2$、角位移为 φ,令 $k=r_3/r_2$,$a_1=r_2(k-1)$,则行星轮 2 上 P 点的轨迹坐标 x_P、y_P 分别为

$$\begin{cases} x_P=r_2(k-1)\cos\varphi+b\cos[\pi+(1-k)\varphi] \\ y_P=r_2(k-1)\sin\varphi+b\sin[\pi+(1-k)\varphi] \end{cases}$$

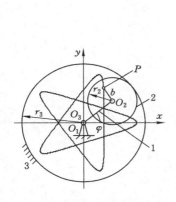

图 7　内行星轮上点的轨迹

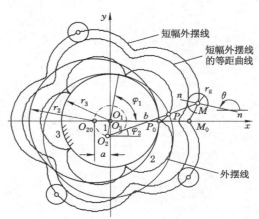

图 8　内齿行星轮上点的轨迹

显然,P 点的轨迹形态是多样的,当 $b=b_0=r_2/(k-1)$ 时,可以获得光滑角的正多边形、光滑角的正多角形、尖角的正多角形、多瓣与多角共生图形以及无限不循环图形。这些图形特征在工件加工、图样生成、搅拌作业、高阶停歇机构设计中有着广泛的应用。

在图 8 中,行星轮 2 为内齿轮,固定齿轮 3 为外齿轮,中心距 $a=O_3O_2=m(Z_2-Z_3)/2$,行星轮 2 上 P 点的轨迹为外摆线,当欲获得整数个外摆线时,$2\pi r_3$ 应是 $2(r_2-r_3)\pi$ 的整倍数,令 $r_3/(r_2-r_3)=k$,k 为正整数,则 $r_2=(1+k)r_3/k$。

当 P 点在行星轮 2 的外边时,如 M 点,则得到短幅外摆线;当在短幅外摆线上安装一个滚子时,如图 8 中半径为 r_g 的滚子,则与一系列滚子相切的曲线为短幅外摆线的等距曲线,短幅外摆线的内等距曲线(x_{MN},y_{MN})就是摆线针轮传动中摆线齿轮的齿廓曲线,该滚子就是针轮中的一个。

自己推导外摆线、短幅外摆线与短幅外摆线的内等距曲线的数学方程。

指导教师根据学生预习情况是否同意其进行实验　是□否□	指导教师签字:

二、实验过程及实验数据记录

1. 基于图 7 所示的机构，令 $k=N/M=5/1$，b 取 b_0 时，生成弧角近似直边的正五边形。

2. 基于图 7 所示的机构，令 $k=N/M=5/2$，b 取 b_0 时，生成弧角近似直边的正五角形。

3. 基于图 7 所示的机构，令 $k=N/M=8/3$，b 取 b_0 时，生成弧角近似直边的正八角形。

4. 基于图 7 所示的机构，令 $k=N/M=11/3$，b 取 b_0 时，生成弧角近似直边的正十一角形。

5. 基于图 8 所示的机构，令 $r_3/(r_2-r_3)=n$，取 $n=10$，取 O_2M_1、O_2M_2、O_2M_3，生成外行星轮上的三条摆线与一条内等距曲线。

指导教师对学生实验过程进行确认	指导教师签字：

三、实验结果与分析

1. 令 $k=N/M=5/1$，b 取 b_0 时，生成弧角近似直边的正五边形；令 $k=N/M=5/2$，b 取 b_0 时，生成弧角近似直边的正五角形，从机构的角度说明道理。

2. 令 $k=N/M=11/3$，b 取 b_0 时，生成弧角近似直边的正十一角形；令 $k=N/M=11/1$，b 取 b_0 时，生成弧角近似直边的正十一边形，从机构的角度说明道理。

实验成绩评定

	实验预习成绩 （10%）	实验操作成绩 （30%）	实验报告成绩 （60%）	总评成绩 （100%）
成　　绩				
指导教师				

日期：